“数据标注”人才培养系列丛书

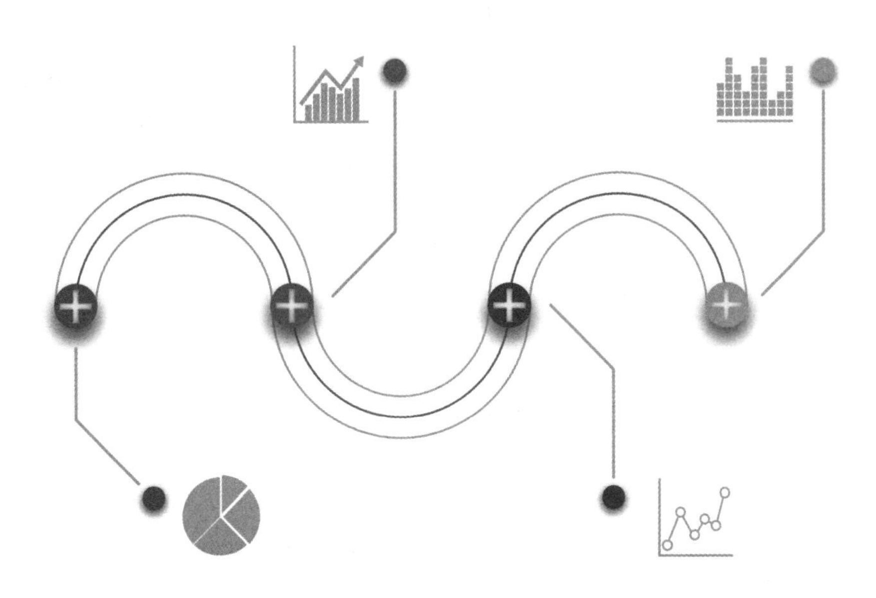

数据标注工程

——语言数据与结构

组编◎辽宁盘石数据科技有限公司

主编◎饶高琦　王会珍

電子工業出版社

Publishing House of Electronics Industry

北京・BEIJING

内 容 简 介

本书是数据标注领域领先的实训讲义。本书着重对常见的文本、语音和图像标注任务类型进行介绍，帮助从事标注工作的学习者快速地完成系统化学习，进行标注实战。

本书对文本、语音及图像标注的多种任务类型逐一进行讲解和分析，每种标注类型均配有对应的规范、举例分析、习题及解析。同时，本书还针对各类标注配套多种子任务类型或多个领域的实操练习题，以帮助本书学习者增长见识，实现系统的、完整的学习，培养实战能力。

本书可作为相关院校数据标注专业教材，也可为数据标注从业人员及爱好者提供参考。

图书在版编目（CIP）数据

数据标注工程. 语言数据与结构 / 饶高琦，王会珍主编. —北京：电子工业出版社，2023.8

ISBN 978-7-121-45954-2

Ⅰ. ①数… Ⅱ. ①饶… ②王… Ⅲ. ①数据处理 Ⅳ. ①TP274

中国国家版本馆 CIP 数据核字（2023）第 126912 号

责任编辑：杨　波　　　　文字编辑：杜　皎
印　　刷：山东华立印务有限公司
装　　订：山东华立印务有限公司
出版发行：电子工业出版社
　　　　　北京市海淀区万寿路 173 信箱　邮编　100036
开　　本：787×1 092　1/16　印张：13.5　字数：220.30 千字
版　　次：2023 年 8 月第 1 版
印　　次：2023 年 8 月第 1 次印刷
定　　价：68.00 元

凡所购买电子工业出版社图书有缺损问题，请向购买书店调换。若书店售缺，请与本社发行部联系，联系及邮购电话：（010）88254888，88258888。

质量投诉请发邮件至 zlts@phei.com.cn，盗版侵权举报请发邮件至 dbqq@phei.com.cn。

本书咨询联系方式：（010）88254584，yangbo@phei.com.cn。

序

目前，我们正经历人工智能的第三次浪潮，机器学习大行其道。机器学习的发展和进步主要依赖算法和数据。如今，算法基本相同，数据的作用尤其突出。这里所说的数据是指机器学习所用的带标数据，这种带标数据是通过数据标注的方式获得的。

数据标注是被人工智能催生出来的新兴职业，对人工智能的实现至关重要，也因人工智能技术落地的大量需求而进入从业者的视野。近几年，在数据标注的助力下，人工智能的应用场景不断落地，让大家享受到了人工智能的便利。

人工智能变得越来越智能，数据标注行业面临的挑战也就越来越大，这种挑战主要体现在两个方面：一是数据标注的质量要求越来越高，人工智能正在经历着从 1 到 2 的发展过程，需要更多高质量的带标数据支撑，人工智能发展初期的准确率已无法满足当今人工智能技术发展的需求；二是数据标注任务的难度越来越高，随着人工智能技术的日趋成熟，人工智能任务的难度不断提高，数据标注的难度也在不断提高。

这些都对数据标注人员提出了更高的要求，一方面要求数据标注人员在工作时要更加细致，另一方面也要求数据标注人员具有更高的素质。基于这种趋势，数据标注人员想在数据标注行业取得持续性发展，就要不断提高自身的能力和素质，向专业化方向发展。

事在人为，业以人兴。数据标注乃至人工智能行业的发展关键在于专业人才的培养。

在未来几十年，数据标注会伴随着人工智能需求的不断提高而不断发展、

精进。我相信会有更多的年轻人愿意加入数据标注行业，享受学习的福利与时代的红利，也相信本书能为他们的职业生涯助一臂之力，为求知者打开一扇新领域的大门。我期待数据标注人员将来利用自己卓越的数据标注技能通过计算机及智能设备给人类提供更丰富的智能服务。

中国中文信息学会名誉理事长

哈尔滨工业大学教授

李　生

2023 年 3 月

前言

人工智能近年来飞速发展，使种类繁多的智能应用落地，进入大众的视野。在此之前，人工智能的概念早已被提出，但大多数只存在于理论层面，而数据标注行业的崛起才是人工智能加速落地的关键。因此，无论是企业层面还是国家层面，如今对于数据标注的重视程度都有明显的提升，社会各界纷纷加大了相应的投入和扶持力度。

2020 年 2 月，我国人力资源和社会保障部与国家市场监督管理总局联合发布《人力资源社会保障部办公厅 市场监管总局办公厅 统计局办公室关于发布智能制造工程技术人员等职业信息的通知》，在通知中明确将人工智能训练师纳入新增职业，同时再次明确其工种包括但不限于数据标注员和人工智能算法测试员，这充分表明我国国家机关对数据标注行业的认可。

由于人工智能的大量需求，从事数据标注行业人员的数量出现了空前的增长。目前，我国从事数据标注的专职人员数量已经超过了 20 万人，兼职人员难以计数。在未来 5～10 年，伴随着人工智能的发展，数据标注行业规模将呈现几何级数增长。对于人工智能行业来说，数据标注员可谓供不应求，作为近年来新兴的职业之一，数据标注行业正以茁壮的势头健康发展。

然而，数据标注行业毕竟还处于起步发展阶段，业内现今仍缺少相应的资格评定，标注人员均处于无证从业的状态，缺乏规范的管理，也没有系统的人才培养体系。众多数据标注员的业务水平参差不齐，高等院校没有相关的数据标注人员培养课程，严重掣肘行业发展。

本书是数据标注领域领先的实训讲义。为了更好地培养数据标注员，本书着重对常见的文本、语音和图像标注任务类型进行介绍，帮助从事数据标注工作的学习者快速地完成系统化学习，进行标注实战。

本书对文本、语音及图像标注的多种任务类型逐一进行讲解和分析，每种标注类型均配有对应的规范、举例分析、习题及解析。同时，本书还针对各类标注配套多种子任务类型或多个领域的实操练习题，以帮助学习者增长见识，进行系统的、完整的学习，培养实战能力。

对作者来说，实训讲义的编撰是一次新的尝试，本书难免有不当之处，欢迎您提出宝贵建议；如有建议，请发送至邮箱 business@panshidata.com。

目 录

第1章 语言和语言数据

语言是人类特有的用来表达意思、交流信息的工具，是一种特殊的社会现象。语言是一种人类行为，也是由语音、词汇和语法等构成的复杂系统。我们将人类在生活、交际中使用的语言称为“自然语言”，与此概念相对应的“编程语言”“旗语”等属于“人工语言”。

语言是人类最重要的思维工具、交际工具和文化图腾。在人类的思维中，语言不参与的思维活动不占主导地位，占主导地位的是语言参与的思维活动。语言是人类沟通的主要表达方式，人类社会中90%以上的信息通过语言进行交互。而人类也借助语言保存和传递人类文明的成果，实现社会群体的认同。

语言如此重要，因而我们必须对其进行深入的研究和有效的利用，而这两者都离不开对语言的描写和记录。这种描写和记录的结果就是以语言数据的形式存在的。语言数据也帮助语言本身发挥作用：人类通过语言数据学习新的语言（包括母语），进行更有效的交流，实现文化传承和族群认同。

在智能化革命日益深入的今天，语言智能是人工智能领域最重要的分支，被称为“人工智能皇冠上的明珠”。语言智能的发展在很大程度上依赖语言数据。大规模高质量的语言数据是各种语言智能应用（如输入法、机器翻译、语音识别、自动问答等）性能提升的基石和助推器。

在本章，我们先来认识自然语言，进而了解语言智能及其脚下最重要的基石——语言数据构成的语言资源。

1.1 自然语言

1.1.1 什么是自然语言

用语言沟通是一种人类的高级智能活动，语言是人类特有的用来进行思维的工具。语言也是一种由语音、词汇和语法构成的复杂符号系统，是人类最重要的交际工具。语言还是一种特殊的社会现象，是族群认同、文化传承的重要组成部分。

当我们谈论“语言”时，一般包括它的视觉形式——文字，但在与“文字”并举时，语言仅指口语。

1. 语言的存在形式

语言是以什么形式存在的？有人认为语言就是说话。这么说并不错，但很不全面。说话本身是一种复杂的现象，其至少可以分为三个部分：一是说话的动作；二是说出来或写出来的内容，即产生的语言数据；三是说话使用的工具（如汉语和英语就是不同的工具）。在下面三个例子中的“说话”和“话”具有不同的含义。请比较：

① 轮到问话的时候你才说话。

② 警察认为嫌犯说的话可信。

③ 在庭审时都应该说普通话。

①中的“说话”指实际说话的过程，可以叫作言语动作。②中“嫌犯说的话”是说出来（包括写下来）的话，是一种语言数据。言语动作和语言数据又可以统称为“言语”（parole/speech）。③中“普通话”是指说话时使用的符号工具，这才是“语言”（langue/language）。

抽象地讲，语言是人使用的符号工具，使用这种工具的行为是言语动作，而行为的结果是语言数据。语言显然是十分抽象的存在。学者通过言语动作和语言数据来研究语言。工程师通过语言数据（让机器）模拟言语行为，挖掘其蕴含的信息。

语言数据又分为两种：用嘴说出来的，叫作“口语”；用文字写下来的，叫作“书面语”。之所以要区分口语和书面语，原因有两个：一是世界上任何一种语言都有口头形式，但只有少数语言有相应文字表现的书面形式；二是任何一种语言总是先有口语，后有书面语，书面语只能在口语的基础上产生，而且或早或晚随着口语的发展演变而发展演变。从这个意义上说，口语是第一性的，书面语是第二性的。

尽管如此，书面语并不是口语绝对忠实的记录。口头交际总是在一定的语境中进行的，常常伴随说话人的各种表情、手势、体态和语调，而书面语一般不记录这些成分；另外，写作书面语有比较充裕的时间推敲，书面语可以比口语更精练、更精确。因此，确切地说，书面语是经过提炼和加工的口语的书面形式。书面语一旦在口语的基础上产生就具有相对的独立性，能够产生比口语更丰富的语汇、更复杂的结构和更多样化的表达方式，从而反过来影响和促进口语的发展。

书面语和口语有差别，但大多数情况下两者的语汇成分和语法结构还是基本一致的。书面语和口语会脱节，但或早或晚会根据口语的演变而演变。当然，口语已经发生巨大变化，而书面语长期保持古代语言的面貌不变的现象也是存在的，中国的文言文和西方的拉丁文就是“言文脱节”的典型例子，而两者最终都在或激烈或和缓的历史动荡中重新和口语实现了一致。

2. 语言的功能

语言的功能是语言在实现人的具体目的中所起的作用。一般来说，语言有三种基本功能：①从人与自己的关系看，语言是人认识世界的工具，人类既用语言进行思维，又用语言调节行为，即思维功能；②从人与人的关系看，语言是交际方式和交流思想的手段，即交际功能；③从人与社会的关系看，语言是文化信息的载体，是人类保存、传递、领会人类社会历史经验和科学、文化、艺术成就的手段，即文化功能。

（1）语言的思维功能。

思维是人脑借助语言、表象或动作对客观现实的能动反映。思维和直觉感受不同，它揭露的是事物的本质特征和内部联系。思维除语言之外，还可以有其他载体，如形象。低级的形象思维是人类和动物共有的。形象思维的高级阶段往往属于掌握语言的人。这时人的思维呈现更加复杂的情形，各种类型常常有所侧重或交替使用。语言不但可以参与思维活动，而且可以在无形中起到主导的作用。我们可以肯定，在人的思维中，语言不参与的思维活动不占主导地位，占主导地位的是语言参与的思维活动。

（2）语言的交际功能。

人与人之间的交际活动是社会生活中最重要的组成部分。人类社会 90%以上的信息是通过语言进行传递的。语言是音义结合的词汇系统和语法系统，它作为一种交际工具，一视同仁地为本民族的各个阶层的各种人服务，同时一视同仁地为全人类的各个社会集团、各个民族服务。我们可以说："各民族的语言和文字是全世界人民的共同财富。"①

（3）语言的文化功能。

语言是信息和民族、社群文化的重要载体，因而成为凝聚民族、社群认同和情感的文化图腾。语言成为最重要的文化图腾的原因也在于其具有民族、社群文化信息的传递功能。人类用语言把自己对客观世界的认识及自己的活动记录下来，使语言成为文化的记录者。人通过语言交际，传递着语言本身所记录的文化信息，又使语言成为文化的传播者。通过语言交际，不同地域、社群的文化可以相互交流，语言文字本身所承载的文化信息可以传到远方，可以传给后世。语言只有载录人类发现和创造的一切，才能发挥交际工具的作用。

我们必须注意的是，只有人类拥有语言。动物之间虽然具有使用音响信号进行沟通的方式，如鸟类用叫声传递"进食""入侵""筑巢"等信号，黑猩猩用不同的吼声表示"停止""危险"等信息，鹦鹉甚至可以模仿人类的语音，但这些行为都是由外界刺激引起的，表达的意义种类极其有限，在形式上几乎没有变化。相比动物的"语言"，人类的语言内容更多，用处更大，而且能够以有限的形式创造无限的表达可能性，并可以描述抽象的、过去的、未来的和虚构

---

① 《马克思恩格斯选集》，2版，第4卷，376页，北京，人民出版社，1995。

的事物。其他动物无论音响信号多么完善，都无法做到这些。

1.1.2 世界语言概况

据统计，现在世界上查明的语言有7000多种，其中大部分随着使用人口的快速减少而正在衰亡。根据历史比较语言学的研究成果，一般认为世界上的语言按亲属关系可以分为十几或二十几个语系，其中比较重要的有印欧语系、汉藏语系、乌拉尔语系、阿尔泰语系、闪-含语系、高加索语系、达罗毗荼语系、南岛语系（又称马来-波利尼西亚语系）、南亚语系等语系。历史语言学把来自一个共同原始母语的所有语言都划归到同一个语系中，而语系下面还有语族、语支、语言、方言、土语等。它们的层次关系如下所示：

语系（language family）

语族（language group）

语支（language branch）

语言（language）

方言（dialect）

土语（亚方言、次方言 sub-dialect）

受限于篇幅，我们选择其中最具影响力的三大语系简要进行介绍。

人类语言中分布最广、使用人口最多、影响力最大的是印欧语系（Indo European family）。印欧语系包含世界上许多重要的语言，如英语、西班牙语、法语、德语、俄语等。这些语言是很多国家和组织的官方语言，在世界商业、科技、学术、通信、外交领域占有极其重要的地位。上述语言的使用者占全球总人口的一半以上。与宗教、文化、哲学有关的一些经典语言也在印欧语系中，如拉丁语、希腊语、波斯语、梵语、巴利语等。

按使用人口来算，汉藏语系（Sino Tibetan family）是仅次于印欧语系的第二大语系。它包括世界上使用人数最多的语言——汉语。汉藏语系一般归为四个语族，即汉语族、藏缅语族、侗台语族和苗瑶语族。汉藏语系的语言一般是由单音节字组成的声调语言，词由单个音节的字组成，每个音节都有声调。汉语普通话有四个声调，泰语有五个声调，广东方言有九个声调。汉藏语系的语

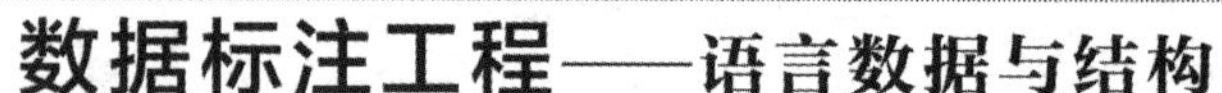

言大多数使用虚词和语序作为表达语法意义的主要手段。

闪-含语系（Semitic Hamitic family），又称亚非语系，主要分布在亚洲的阿拉伯半岛和非洲的北部。闪-含语系的名称源于《圣经》传说中挪亚的两个儿子的名字：闪是希伯来人和阿拉伯人的祖先，含是亚述人和北非人的祖先。闪-含语系主要包括希伯来语、阿拉伯语、埃及语、阿拉米语、马耳他语和阿姆哈拉语等，使用人口约 5 亿。

1.2 语言智能

1.2.1 语言智能是什么

语言智能（language intelligence）原指人类有效使用语言的能力。随着人工智能的发展，机器开始具备了一定的“语言能力”。机器不仅能听能说、掌握多国语言，在大规模语言数据的帮助下还能实现很多社会价值和商业价值。输入法、机器翻译、语音识别都是例证。机器掌握“语言能力”十分有用。在理论上，人工智能领域的开路人阿兰·图灵提出判断机器是否具有智能的方法，便是进行长时间语言交互（对话）来进行测试，即著名的图灵测试[①]。最早的人工智能应用也和语言有关（机器翻译）。由此可见语言能力之于人工智能的重要性，因而机器的“语言智能”被誉为“人工智能皇冠上的明珠”。

我们可以说，语言智能是机器掌握、使用自然语言的能力，包含为实现此能力而发展的理论、技术、资源等。语言智能的研究和发展的目标是使计算机理解和运用自然语言。在本书中，除非特别指出，语言智能都是指机器，尤其

① 测试者与被测试者（一个人和一台机器）隔开，测试者通过一些装置（如键盘）向被测试者随意提问。经过长时间的多次测试后，如果机器让每个测试者做出平均>30%的误判，那么这台机器就通过了测试，并被认为具有人类智能。“图灵测试”一词来源于计算机科学和密码学的先驱图灵写于 1950 年的论文《计算机器与智能》，其中 30%是图灵对 2000 年时的机器能力的一个预测，事实上人类远远落后于这个预测。

计算机理解和利用语言的能力。

和语言智能相关的术语还有“计算语言学”（computational linguistics）、“自然语言处理”（natural language processing）、“语言信息处理”（language information processing），它们常常混用。事实上，这几个概念虽然内涵相近，但在使用上各有侧重。“计算语言学”侧重于研究理论，探索科学规律。“自然语言处理”和“语言信息处理”则是同义词，侧重于试验方法和工程实现，不断开发各种智能语言服务。

目前，语言智能应用在研究和开发中的技术路线可以分为基于规则、基于统计机器学习和基于深度神经网络三种。对于特定的任务和应用，研发人员首先明确一个语言智能系统的输入和输出，而后制备大规模、高质量的语言数据，从中抽取或总结与任务目标相关的语言规则，统计语言现象的规律，进行各种预处理；随后训练各类机器学习模型和神经网络模型，实现符合任务目标的输出；有时还需要进行精密的输出后处理。这个过程可能循环往复迭代多次。

1.2.2 语言智能的常见任务和应用

随着当今智能化革命的进程日益深入，语言智能的发展也一日千里。许多基本常见的语言智能服务已经深入社会生产生活的各个角落，从而极大地解放了劳动力，提高了生产效率。

1. 语音处理

随着人工智能的发展，与键盘和鼠标等交互方式相比，人们迫切希望直接使用语音进行人机交互。

（1）语音合成。

语音合成是中文信息处理领域的一项前沿技术，是让计算机像人一样将要表达的信息以普通人可以听懂的语音播放出来的技术。语音合成近年来在技术和应用方面都取得了很大的进展。语音合成的自然度和音质都得到了明显的改善，从而促进了其在实际生活中的应用。目前，语音合成技术已经在自动应答呼叫中心、电话信息查询、汽车导航，以及电子邮件阅读等方面得到广泛的应

用，针对娱乐和教育方面的应用也正在开展。

（2）语音识别。

语音识别的根本目的是研究一种具有听觉功能的机器，使机器能直接接受人的口语命令，理解人的意图并做出相应的反应。其基本原理是含有语音识别技术的智能物体能够将声音信号转换成文字，然后根据需要做记录、查询等相应的工作。一个典型的语音识别系统首先从人的语音中提取特征，其次在声学层面上将特征序列通过识别翻译成音素序列，最后根据字典、词典和语法中的组合信息将音素序列依次转化为字序列、词序列和语句。

近二十年来，语音识别技术取得显著进步，开始从实验室走向市场，在工业、军事、交通、医学、民用等领域，特别是在计算机、信息处理、通信与电子系统、自动控制等领域有着广泛的应用。语音识别几乎可以应用于人们日常生活的各个领域，并且在某些领域已成为一项关键并具有竞争力的技术。

2. 文字处理

作为语素文字，汉字数量庞大，这使汉字信息化，即汉字处理技术，较之仅使用有限字母的拼音文字，面临的困难要大得多。在 20 世纪中期，甚至有学者悲观地认为，我国要进入信息化，必须废除汉字。但经过几代科研人员的努力，自 20 世纪 80 年代以来，我国已成功地使 7 万多个汉字及相关字符进入计算机，实现了汉字和汉语文本的信息化。

汉字处理技术与标准目前取得了三个方面的巨大成就：一是解决了在计算机中存储大量离散汉字的问题；二是实现了准确、快捷地在计算机中读取、调用不同的汉字字符，即汉字输入技术；三是实现了在各种媒介中，如屏幕或打印设备中显示或输出汉字字符图形，即汉字输出技术。

在汉字输入中，除使用键盘外，更为便捷的方式是直接识别照片、传真中的字符，即光学字符识别（optical character recognition，OCR）。这是关于将文字图像转换成可供计算机处理的内码的技术。字符识别根据识别的实时性分为联机识别和脱机识别，根据识别对象分为手写体识别和印刷体识别。我国面向汉字的字符识别研究始于 20 世纪 70 年代末。字符识别的基本方法主要有统计法和结构法两种。由于汉字具有较严格的拓扑结构，包含丰富的结构信息，因而结构法较适用于汉字识别。目前，印刷体汉字识别和联机手写体识别均已实

用化，高质量的印刷体识别正确率可达 98%以上。近年来，以深度学习技术为代表的统计方法也大幅提升了文字识别的效果。

此外，在当今语言生活中，汉字有简繁之分，社会对计算机自动地在简繁汉字之间准确转换提出了迫切需求。因此，汉字简繁转换技术近年来取得了重大进步。总体而言，汉字处理技术已经基本成熟，较好地适应了人们在以计算机为代表的信息工具中处理汉字的日常需求。

3. 词法、句法、语义分析

（1）词法分析。

词法分析主要包括汉语分词和词性标注两部分。与大部分西方语言不同，汉语书面语词语之间没有明显的空格标记，文本中的句子以字串的形式出现。因此，汉语自然语言处理的首要工作就是将输入的字串切分为一个个的词语，然后在此基础上进行其他更高级的分析，这一步骤称为分词。例 1 展示了一个中文句子分词前后的差异。当然该例句包含歧义，因而有两种分词结果。

例 1

分词前：自动化研究所取得的成就。

分词后：自动化 研究 所 取得 的 成就。

分词后：自动化 研究所 取得 的 成就。

除了分词，词性标注也通常被认为是词法分析的一部分。给定一个切好词的句子，词性标注的目的是给每个词赋予一个类别，这个类别称为词性标记，如名词、动词、形容词等。一般来说，属于相同词性的词，在句法中担任类似的角色。

例 2[①]

原始句子：北京大学师生参加义务劳动。

分词标注：B I I E B E B E B I I E

词性标注：［北京/ns 大学/n］nt 师生/n 参加/v 义务劳动/l

---

① 分词标注中 B、I、E 分别标注了词的开始字、中间字和结尾字。词性标注中 ns、n、nt、v 和 l 分别表示地名、名词、组织名、动词和固定表达方式。符号来自北京大学分词词性标注语料库标准（俞士汶，2002）。

（2）句法分析。

句法分析是对输入的文本句子进行分析，以得到句子句法结构的处理过程。对句法结构进行分析，一方面是语言理解的自身需求，另一方面为其他自然语言处理任务提供支持，如对文档信息进行精确表示。语义分析也通常以句法分析的输出结果作为输入，以便获得更多的指示信息。图 1-1 为依存句法理论的句法分析示例。

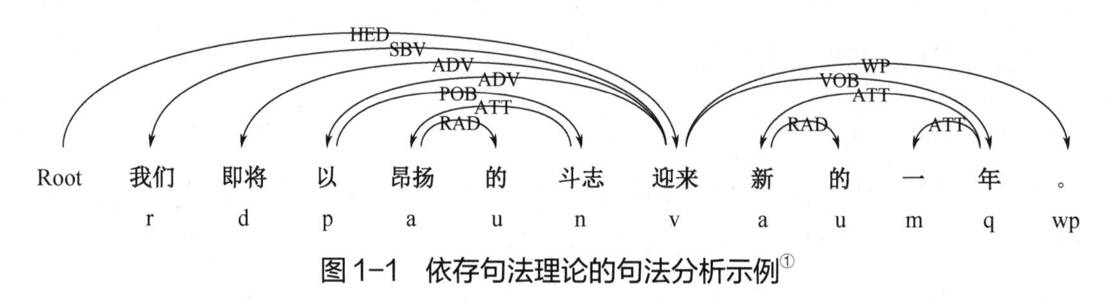

图 1-1 依存句法理论的句法分析示例①

（3）语义分析。

语义分析的最终目的是理解句子表达的真实语义。但是，语义应该采用什么表示形式一直困扰着学术界，这个问题至今也没有统一的答案。语义角色标注是目前比较成熟的浅层语义分析技术，基于逻辑表达的语义分析也得到了学术界的长期关注。

按照层次，语义分析分为词汇级、句子级和篇章级。词汇级的语义分析主要研究词义消歧和词汇的形式化表示；句子级的语义分析关注句子内的语义角色识别和整句的逻辑表达式生成；篇章级的语义分析目标则是篇章内小句、句子和段落间的语义关系。

4. 机器翻译

机器翻译又称为自动翻译，是利用计算机将一种自然语言（源语言）转换为另一种自然语言（目标语言）的过程。机器翻译是各项语言智能技术的综合体现。

以使用方式进行划分，机器翻译系统可以分为文本机器翻译和语音机器翻

---

① 依存语法使用指向核心动词的弧来描述依存关系，弧上的符号标记了依存关系的类型。HED、ATT、ADV、POB、RAD、VOB、SBV 和 WP 分别表示核心关系、定中关系、状中关系、介宾关系、右附加关系、动宾关系、主谓关系和标点。句子中每个词下面的符号表示该词的词性。此例也表明句法分析需要在词法分析的基础上进行。

译，近年来还兴起了“拍照翻译”形式的图像机器翻译。语音输入和图像输入在本质上都是通过语音技术和光学字符识别技术转换为文字后，进行机器翻译。

机器翻译系统在技术上可划分为基于规则（rule-based）和基于语料库（corpus-based）两大类。前者由词典和规则库构成知识源；后者由经过划分并具有标注的语料库构成知识源，以统计规律为主。基于语料库的机器翻译系统又因其使用的技术不同而进一步分为基于统计机器学习模型的机器翻译和近年来兴起的基于神经网络模型的机器翻译。

目前，机器翻译已经步入普惠大众、服务社会的实用阶段。

5. 其他语言智能应用

（1）知识图谱。

知识图谱旨在以结构化的形式描述客观世界中概念、实体、事件间的复杂关系，将互联网的信息表达成更接近人类认知的形式，并提供一种更好地组织、管理和理解互联网海量信息的能力。知识图谱在智能问答中显示出强大威力，同时给互联网语义搜索带来了活力，已经成为互联网智能服务的基础设施。

（2）智能问答与聊天机器人。

虽然搜索引擎发展迅速，但传统的基于关键词的信息检索方式仍然无法满足用户需求。在很多情况下，用户不需要获得文献全文而只想要知道某个具体问题的答案，如林书豪有多高、用什么软件打开 ttf 格式文件、冰岛第一夫人是谁等。能从大量数据中检索和整合出用户答案的系统称为问答系统。

随着 Web2.0 时代的到来，面向用户生成内容的互联网服务越来越流行，社区问答系统应运而生，如知乎、百度知道、搜狗问问等。社区问答为互联网知识分享提供了新的平台，辅之以对“问题-答案对”的处理，结合语言信息处理技术和信息检索技术，可以有效地满足用户多样性的知识需求。

在移动互联网时代，越来越多的问答系统以聊天机器人的产品形式接触到用户。聊天机器人是用来模拟人类对话或聊天的程序，在回答用户问题之外还需要进行对话管理和情感计算，以提供更贴近人类陪伴者的用户体验。越来越多的企业和机构开始使用聊天机器人进行客户服务，也有众多企业开发了以问答、聊天为主要功能的个人数字助理产品。

2011 年，IBM 公司研发的 Watson 问答系统（Ferrucci etc., 2010）在美国智

力竞赛节目“危险边缘”中战胜人类冠军，并于 2012 年通过美国职业医师资格考试。2017 年，科大讯飞领衔的“863”国家高考答题机器人项目成果 AI-MATH 参加了当年高考数学考试并取得 105 分（满分 150 分）的成绩。这些都让人们直观体验到语言信息处理与信息检索技术相结合，在自动加工大规模数据和知识推理中的巨大能量。

（3）自动校对与作文批阅。

文本校对是语言信息处理技术的重要应用领域之一，早在 20 世纪 60 年代，美国就开展了面向英文文本的自动校对研究（Kukich，1992），目前已实现实用化和商业化。面向英语作为第二语言写作者的校对技术也已十分成熟，如批改网和 E-Rater 都是较为成熟的产品。

我国的中文文本自动校对研究起源于 20 世纪 90 年代，发展速度较快。从嵌入微软 Office 系统的别字、错词诊断到目前在出版业广泛使用的黑马、方正、金山自动校对系统，中文自动校对已经走出实验室，成为新闻出版业中降低人力成本、提高出版质量的重要手段。目前，中文文本校对主要面向上下文相关错误，其校对方法主要是利用上下文信息（统计特征、语法和语义特征）构建统计模型，并与形式化的语法规则相结合，建立文本自动差错与纠错模型（张仰森，2017）。结合语义知识库和篇章处理技术，实现语义层面和篇章级别的文本自动校对是这一领域研究的重要发展方向。

在教学领域，中文文本校对技术可以应用于作文语法错误诊断和纠正。汉语作为第二语言的留学生作文是句法错误诊断的主要研究对象。目前，基于深度神经网络和序列标注模型的实验系统，可以初步实现对成分缺少、成分冗余、语序错乱和词汇使用错误四类句法错误的诊断，但精度尚不足以投入实际应用。

较之语法错误的诊断，面向汉语母语者作文的自动处理集中于自动评分这一任务，其原理与文本校对略有不同。作文自动评分技术将人工打分作文中的语言特征作为训练数据，用以调试统计回归模型或分类模型，将未评分作文分类到不同的分数段中以实现评分功能。目前，中考、高考作文的自动评分质量已逐步逼近人工评分水平。

（4）自动文摘与智能写作。

随着互联网上信息爆炸性地增长，信息过载问题给人们造成了巨大的困扰。自动文本摘要可以帮助人们更加轻松地从海量文本中获得关键信息，快速理解

原文内容。自动文摘可以看作一个信息压缩过程，将输入的一篇或多篇文档压缩为一篇简短的摘要，这涉及对输入文档的理解、要点的筛选和文摘合成三个主要步骤。

与自动文摘的过程相反的是基于给定关键信息生成完整篇章的智能写作技术，该技术近年来的发展也十分迅速。具体而言，智能写作是利用计算机完全自动地对收集的文档进行整理、提取、过滤、筛选、组装，并根据指定主题和关键信息（如时间、地点、人物、事件类型）自动地生成文章，通过从特定语体海量文本数据中挖掘语言特征，系统可以构建特定语体中“词-句”和“句-篇”两级知识库，并最终形成文本模板。这类应用目前集中于结构、格式比较固定的受限语体中，如新闻报道、公文、通知等。

与上述情况类似，基于对诗文、楹联数据进行挖掘的智能写作系统也在自动作诗、自动对联方面崭露头角。微软公司的小冰系统和清华大学的九歌系统分别在新诗和古体诗的自动生成上达到了以假乱真的程度。例 3 为智能写作系统生成的古诗。

例 3

画　松

孤耐凌节护，根枝木落无。

寒花影里月，独照一灯枯。

1.3 语言资源

1.3.1 什么是语言资源

语言资源这一概念诞生于 20 世纪 80 年代。语言因其可用性而具有被开发利用的价值，从而被认定为一种资源。广义的语言资源包括语言数据、具有特定语言能力的人、语言文化成果、语言研究成果等。狭义的语言资源就是指大规模的可使用的语言数据。

按照存储媒介，可将语言资源分为语音、图像和文本三大类。以语音形式存在的语言资源是各类录音、录像资源，主要用于记录人类语言的音响信号。图像形式的资源，主要是各种文字的照片、扫描件等，记录文字和书写行为的光学信号。文本类型的语言资源最为多样，数量也最多。前两种类型的语言资源大多数需要转换为文本资源，以供进一步加工使用。词汇、语法、语义信息和相关的知识库，大多数以文本形式进行储存和传输。

按照层次，可将语言资源分为记录语音信息的语言资源、记录文字信息的语言资源、记录词汇信息的语言资源、记录语法信息的语言资源，以及记录篇章、语用、对话信息的语言资源。

按照服务的形式，可将语言资源分为数据库和知识库两大类。数据库也称语料库，记录大规模的语言数据，是语言行为的真实记录；通常还会进行各种各样的标注，如语音库、文本库等。知识库则是对语言知识的形式化记录，如词典就是一种有关词义和词法的知识库。

按照语言的种类，可将语言资源分为单语资源和多语资源。多语资源是将两种或多种语言的同类型资源放在一起发挥作用。如果将不同语言表达相同内容的词摆在一起，一一对应，就称为词对齐资源。多语资源按照对齐方式，可分为词对齐、句对齐和段落对齐、篇章对齐。对齐的语言资源也称为平行语料，它们是机器翻译系统必需的资源。

按照服务目标，可将语言资源分为记录母语者言语行为的描写型语料库、帮助语言学习者的学习型语料库、记录社会语言生活发展变化的监测语料库，以及大量服务于特定领域的垂直型语料库，如医院问诊语料库、旅行客票问询语料库、法庭辩论语料库等。

1.3.2 为什么语言资源是语言智能的基础

语言智能应用在研究和开发中的技术路线可以分为基于规则、基于统计机器学习和基于深度神经网络三种。对于特定的任务和应用，研发人员首先明确一个语言智能系统的输入和输出；其次制备大规模、高质量的语言资源，从中抽取或总结和任务目标相关的语言规则，统计语言现象的规律，进行各种预处

理；最后训练各类机器学习模型和神经网络模型，实现符合任务目标的输出。

在这个过程中，语言资源是语言智能研究和开发的基础。语言智能的目标是让机器掌握语言，则机器必须获得充足的语言知识，而语言知识正蕴含在语言资源之中。高性能的语言智能应用，也需要高品质的语言数据，犹如核反应堆的运行（智能应用），需要大量高品位矿石（语言数据）中的放射性同位素（语言知识）。

如同矿石需要加工、原油需要提炼，有用的语言资源或语言数据不是语言行为的单纯记录，需要精细地筛选和深入地加工，降低杂质，增加知识的含量（甚至注入一些知识）。这种加工有面向数据格式、存储形态的加工，有去除不良数据（也称为噪声）、瑕疵的加工，更重要的是名为"数据标注"（data annotation）的数据加工。

标注本义是进行标记。数据标注是对数据的属性、功能、（数据之间的）关系等进行标记的过程。原始的语言数据如果只是简单记录言语行为，则许多语言知识、言语动机都是隐含的。标记的过程是标注人员（或辅之以机器）将其识别并标记出来，前面曾举例的词和词之间的空格、词下面的词性符号就是一种标记。这些标记显示了词的范围（空格之间）和词的功能（动词、名词或形容词等）。识别出这些信息并标记出来的过程就是数据标注。

数据标注不限于语言数据，工业数据、商业数据、医疗数据也有各不相同的标注方式，但目标从总体上来说是一样的。

1.3.3 语言资源建设概况

对语言资源的研究和建设由来已久。服务于研究和语言信息处理的语料库建设随着语料库语言学的兴起而获得发展。自 20 世纪 60 年代以来，西方语言学家出于词典编纂、语言教学的目的开始建设面向词汇信息的语料库。大半个世纪以来，在科研和工业发展（以人工智能为代表）的刺激下，以语料库为代表的语言资源建设在规模、语种和标注深度、科学性上都有飞跃式的发展。

在规模上，许多单语语言资源已经达到几百亿个字符的规模，双语语料库也出现了上亿个句子对应的平行语料。在标注深度上，词法、句法标注已经无

法满足许多应用的需求，篇章结构、对话功能已成为加工重点。关于语言资源的采集、加工已有许多国家标准和国际标准，这标志着其方法、流程已逐步科学化、精细化、标准化。

目前，语言资源的生产和交换已经形成了市场，并且增长迅速。语言数据生产商常常兼有交易商的身份。近年来出现了很多学术性较强的、非营利性的语言资源交易机构，如语言资源联盟、欧洲语言资源联盟、中国语言资源联盟及国家语委系统的语言资源网等。此外，还涌现出了数据堂、小牛思拓、思必驰、星尘、龙猫、奥鹏、中业等一大批专注语言数据采集、加工、交易的数据厂商，这些都标志着语言资源交换市场已经形成。

2015—2018 年，我国数据标注与审核行业市场规模保持高速增长态势，2018 年达到 52.55 亿元，同比增长 74%（智研咨询，2019）。自 2015 年以来，我国人工智能行业尚处在启动期，随着国家人工智能战略被更多企业认同、更多资金和资源投入，以及各项技术实际应用落地，我国数据标注与审核行业将延续高速增长态势。

就语言数据而言，全世界现有 7000 多种语言，能够提供平行语料的超过 100 种。全球大量的数据厂商及其下属的数据标注作坊，是这种语言资源的建设主力，有人将它们比喻为人工智能时代的“富士康”。出于降低人力成本的考虑，这些厂商的数据标注生产线一般设在贵州、山西、山东、河北、安徽、河南等地。标注工人每天工作 8～12 小时，按照标注量和精确率来计价收费。对地方政府而言，数据标注产业门槛低、投资少、无污染、见效快、创造就业多、增长潜力大，是提振地方经济、进行精准扶贫的良好产业选择。2019 年 7 月，山西省政府发布《山西省人民政府关于加快我省数据标注产业发展的实施意见》，强调要推动数据标注产业全领域应用，预计山西省在 2025 年之前形成全省每年 50 亿元人民币的数据标注产值。

第 2 章

语音和语音数据

人类的语言是通过声音表现的，语音是语言的物质载体或物质外壳。

我们可以说语音就是“人说话的声音”，是人类的发音器官发出的、用于交际并表达意义的声音。因此，语音与一般的声音有着本质的区别。如果某种声音不是人的发音器官发出的，如风声、鸟叫、狮吼、汽笛声等，一定不是语音（严格来讲计算机合成的“语音”是一种模拟的语音，并不是真实的语音）；即使是人的发音器官发出的声音，如果不用于交际，不能传达特定的意义，也不能称为语音，如哈欠声、鼾声、咳嗽声等。也就是说，只有同时满足“语言器官发出”和“用于交际并表达一定意义”这两个条件才是语音。

记录语音的语言数据被称为语音数据。人类对语音的认识、研究和开发利用，都离不开语音数据。在本质上，这些工作都是基于语音数据开展的。不同于一般的声音，语音有其自身的语言学特征和属性。语音数据也因其记录介质、存在方式的不同而存在一些特殊的声学属性。本章我们来认识这些属性、特征和它们之间的结构关系。

2.1 语音和语音信息处理

如前所述，由语言器官发出并用于交际、表达一定意义的声音是语音。在汉语普通话系统中，“shēngyīn”这一串声音与“声音”这个词的意义联系在一起，“tǎnkè”这一串声音与“坦克”这个词的意义联系在一起。人们说出这样的一串声音后别人就能明白其意义，这些声音就属于语音。自然语言基本上都是有声语言，只有语音才是人类语言的物质载体。部分西方语言学家将手语也归入自然语言，当然它是没有语音的。然而，这不在本书的讨论范围之内。

随着信息技术和人工智能的发展，机器正在逐步获得识别、模拟和生成人类语音的能力。与键盘和鼠标等交互方式相比，人们迫切希望直接使用语音进行人机交互，这就带来了对语音信息处理的巨大需求。语种识别、语音纠错、语音合成和语音识别都是语音信息处理的重要任务，其中最重要的是语音合成和语音识别。

2.1.1 语音合成

语音合成是让计算机生成和模拟人类语音的技术。在语音合成任务中，大部分的场景是让计算机根据准备好的文本来生成相对应的语音，因而狭义的语音合成也指文语转换（text to speech）技术。

我们希望让机器像人一样开口说话，但这与传统的声音回放设备有着本质的区别。传统的声音回放设备（系统），如磁带录音机，是通过预先录制声音然后回放来实现“让机器说话”的。这种方式无论是在内容、存储、传输还是在方便性、及时性等方面都存在很大的限制。而通过计算机语音合成则可以在任何时候将任意文本转换成具有高自然度的语音，从而真正实现让机器“像人一样开口说话”。

在语音合成的过程中，机器主要涉及语言处理、韵律处理和声学处理三个

部分。其中语言处理最为重要，在文语转换系统中起着重要的作用。这一步骤主要是模拟人对自然语言的理解过程——文本规整、词的切分。为了进一步提升流利度和自然度，有时还需要进行语法分析和语义分析，以便使计算机对输入的文本能完全理解，并给出后两部分需要的各种发音提示。韵律处理则是要为合成语音规划出音段特征，如音高、音长和音强等，使合成语音能正确表达语意，听起来更加自然。声学处理则根据前两部分处理结果的要求，进行音色、音强等方面的加工，根据语音库内容输出语音，完成合成。

2.1.2 语音识别

与机器进行语音交流，让机器明白人在说什么，是语音识别任务的出发点。有人形象地把语音识别比作“机器的听觉系统”。语音识别技术就是让机器通过识别过程和理解过程把语音信号转变为相应的文本或命令的技术。语音识别技术主要包括特征提取技术、模式匹配准则及模型训练技术三个方面。

十余年来，特别是自2009年以来，借助机器学习领域深度学习研究的发展，以及大数据语料的积累，语音识别技术得到突飞猛进的发展。语音识别在移动终端上的应用最为火热，语音对话机器人、语音助手、互动工具等层出不穷，许多互联网公司投入人力、物力和财力展开此方面的研究和应用，目的是借助语音交互新颖和便利的模式迅速占领客户群。

2.2 语音的语言学结构

2.2.1 语音的属性

语音的属性包括物理属性、生理属性和社会属性。

1. 物理属性

语音跟自然界的其他声音一样，具有音高、音强、音长、音色四种要素。

（1）音高。

音高指的是声音的高低，它取决于发音体振动的快慢（频率）。在单位时间里，振动的次数越多（频率越高），声音就越高；振动的次数越少，声音就越低。声音的高低往往跟发音体的大小、长短、厚薄、粗细、松紧有关。对于语音，声音的高低跟每个人声带的长短、厚薄、松紧有关。通常而言，女人跟男人相比，小孩跟成人相比，声带短一些、薄一些，所以声音高一些。就同一个人而言，可以发出高低不同的声音，因为人可以控制声带的松紧：声带绷紧声音就高，声带放松声音就低。

（2）音强。

音强指的是声音的强弱。它由发音体振动幅度（振幅）的大小决定：振幅越大声音越强，振幅越小声音越弱。对于语音，声音的强弱跟呼出的气流冲击声带和其他发音器官的压力大小有关。音高和音强不同，两者之间没有对应关系。声音高不一定声音强，声音低不一定声音弱。

（3）音长。

音长指的是声音的长短，它取决于发音体振动时间的长短。振动时间越长，声音越长；振动时间越短，声音越短。普通话一般不靠声音长短来区别词的意义，而有的方言中音长变化有区别词的意义的作用。例如，在广州方言中，“[sam]（心）”和“[sa：m]（三）”，“[hau]（口）”和“[ha：u]（考）”是完全不同的词。很多外语也依靠音长区分语义。

（4）音色。

音色指的是声音的个性、特色，也叫音质。音色的不同主要取决于声波振动形式的差异。声波振动形式的不同主要是由发音体、发音方法、共鸣器的形状三个因素决定的。在这三个因素中，只要有一个不同，发出的音色就不同。对人类而言，发音体就是声带。没有人的声带是完全一样的，因此每个人的声音有所不同。发音方法也影响语音。例如，在普通话中，b 和 p 的发音不同，就是发音时呼出气流的强弱不同造成的；g 和 h 的发音不同，是因为 g 用爆发的方式发音，而 h 用摩擦的方式发音。在共鸣器上，人的口腔、鼻腔都是共鸣器，

它们形状的差异造成了共鸣器的差异。普通话元音 u 发音时嘴唇是展平的，元音 ü 发音时嘴唇是拢圆的，这种嘴唇形状的不同造成了口腔形状的差异，形成了不同的共鸣器，因而听上去是两个不同的音。

世界上的声音千变万化，任何声音都是音高、音强、音长和音色的统一体，因此都可以从这四个方面来分析和辨认。

2. 生理属性

人类语音的物理属性在本质上是由生理属性决定的。人类的发音器官可以分为三大部分——肺、声带和声腔。

（1）肺。

肺是发音的动力器官。气流由肺部呼出后通过气管到达喉头，作用于声带，并经过咽腔、口腔、鼻腔等共鸣器的调节，发出各种不同的声音。肺呼出气流的压力大小与语音的强弱直接相关：呼气量大声音就强，呼气量小声音就弱。

（2）声带。

人类发音的振动体是喉头里的声带。喉头上通咽头，下连气管。声带位于喉头的中间，是由富有弹性的肌肉组成的，可以拉紧或放松。声带和音高的关系最为密切，声带的张力和声带本身的状况决定语音的高低：声带拉紧，声音就变高；声带放松，声音就变低。

（3）声腔。

声腔包括口腔、鼻腔、咽腔，是发音的共鸣器。有的时候胸腔甚至腹腔也参与共鸣。它们的形状和姿势对音色有巨大影响。说话的时候，气流通过咽腔后可以有三种输送方式，从而形成三种不同类型的语音：

① 如果软腭和小舌上抬堵住鼻腔，气流只从口腔流出，这时声音只在口腔中共鸣，这就产生了口音。

② 如果软腭和小舌下垂，口腔被阻塞，气流只从鼻腔流出，这时声音只在鼻腔中共鸣，这就产生了鼻音。

③ 如果软腭和小舌居中，口腔和鼻腔都没有阻碍，气流可以同时流出，声音同时在口腔和鼻腔共鸣，这就产生了鼻化音（也叫半鼻音或口鼻音）。

3. 社会属性

作为一种具有交际功能的声音，语音除有物理属性和生理属性外，还有社会属性。语音的社会属性是语音与其他声音相区别的本质属性。

语音的社会属性主要表现在语音和意义之间的关系上。语言符号的音义结合不是个人行为，而是由语言社团成员共同约定的。例如，汉语普通话“shēng”这个音的意义可以是“生”，词语“生”的这一音义约定显然不是个人行为，而是整个汉语普通话言语社团的集体行为，这就是语音的社会属性。

语音的社会属性还表现在语音的系统性上。各种语言和方言都有自己的语音系统。甲语言有的音，乙语言不一定有。例如，汉语的“zh”“ch”“sh”在英语中没有，而英语的“th”也完全不会出现在汉语普通话中。

2.2.2 音节和音位

1. 音节

音节是语音的基本结构单位，是能够自然感知到的最小语音单位。音节基本上都是由元音和辅音组成的（也存在只由元音或特殊的辅音构成的音节）。汉语音节还包括声调。例如，下面这句话包含 10 个音节：

dōngtiān láile,　chūntiān hái huì　yuǎn ma?

冬 天 来了，　春 天 还 会　远　吗？

我们首先可以将音节中的组成部分按其性质的差异分成声母和韵母。音节开头的辅音是声母，声母后面的部分是韵母。声调是贯穿音节始终的音高现象，它是汉语音节必不可少的组成部分，也是汉语的特点。不是每种自然语言都有声调。有声调的语言，声调的种类和数量也不相同。

跟其他语言相比，汉语的音节很容易分辨出来。除像花儿（huār）、棍儿（gùnr）这样的儿化词中的“儿”之外，音节和汉字在汉语里是基本对应的，一个音节通常用一个汉字来书写，一个汉字通常记录一个音节。少量历史原因造成的多音节汉字，我们将在第三章关于汉字的内容中介绍。

2. 音位

音位（phoneme）是人类某种语言中能够区别意义的最小语音单位。每种语言都有一套音位系统。音位是按语音的辨义作用归纳出来的音类，是从语言的

社会属性划分出来的语言单位。音位并不是实际的发音。一个音位可以对应数种不同的发音，但语言使用者在心理上认定这几种发音是相同的，甚至可能不会察觉语音上有所不同。也就是说，发音的不同是一个声学概念，而音位则是语言认知上的结果。这种认知当然随着语言的不同而有所差异。

对应同一个音位的不同发音，称为同位异音或音位变体。音位可视为与母语相关的声音，为了便于描述一个音位，通常会取这群声音当中最有代表性的一个来称呼整族声音。

社会属性是语音的基本属性，音位之间的差异是听话者认知的差异，本质上是语义的差异。因此，一方面，必须把能够区别不同意义的音素区别开来，分别设立不同的音位；另一方面，如果不同的音素不区别意义，那么这些音素也就不需要区别开来，或者说可以归为同一个音位。前者如汉语普通话里的［p］和［p‘］，它们之间的差别只是送气与否，但这个差别有区别意义的作用。“保”［pau214］[①]和“跑”［p‘au214］的不同词义就是靠这两个辅音的差别来区别的，因此它们就必须分离为两个辅音音位。后者如汉语普通话里的［a］［ɑ］和［A］，它们虽然在发音上有所差异，但这些差异不具有区别意义的作用，例如［pai214］（摆）、［pau214］（宝）、［pA214］（靶）等，即使相互念错，也不会让人认为是另一个词。这说明它们之间的差别没有区别意义的功能，因此可以归入同一个音位。

由此可见，音位就是特定语言中具有区别意义作用的最小的语音单位。正因为如此，具体语言里数目繁多的发音就可以归纳为一套数量有限的音位，通过音位来描述其语音系统。这就是音位理论的基本原理，也是建立音位的最主要的目的。

2.2.3 辅音和声母

声母和辅音是两个不同的概念。声母是汉语传统语音分析中的概念，辅音是语音学中的概念。声母是汉语音节的开头部分，辅音则是音素中的一个大类。

① 这里的 214 是音标中的调值，表示三声。

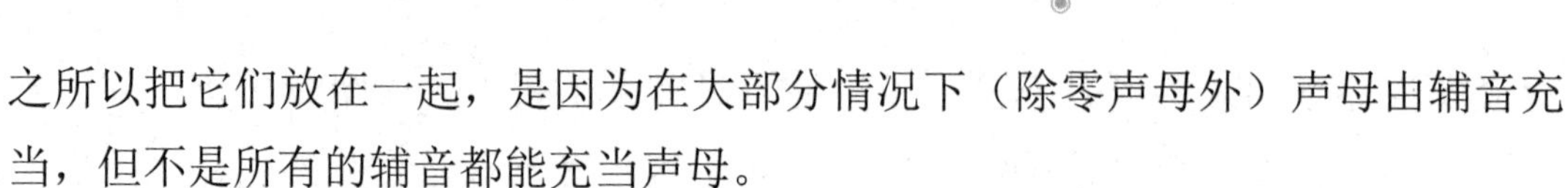

之所以把它们放在一起，是因为在大部分情况下（除零声母外）声母由辅音充当，但不是所有的辅音都能充当声母。

汉语普通话共有22个辅音，可以在音节里充当声母的只有21个，但ng不能出现在音节开头充当声母，只能出现在音节末尾，如“héng”（横）。另外，有的辅音（-n）除充当声母外，还可以出现在韵母中。如“néng”（能）这个音节的首尾就各出现了一个辅音n。辅音及发音特点如表2-1所示。

表2-1　辅音及发音特点

辅　音	发 音 特 点	举　例
b	双唇、不送气、清、塞音	奔波 版本 表白 宝贝 不佳
p	双唇、送气、清、塞音	爬坡 批评 跑偏 品评 乒乓
m	双唇、浊、鼻音	密码 眉毛 命名 买卖 莫名
f	唇齿、清、擦音	发愤 方法 丰富 反复 房费
d	舌尖中、不送气、清、塞音	大多 得到 当代 单独 顶端
t	舌尖中、送气	体贴 探讨 头疼 推脱 通透
n	舌尖中、浊、鼻音	那年 男女 农奴 能耐 奶牛
l	舌尖中、浊、边音	理论 流泪 来临 玲珑 罗列
g	舌根、不送气、清、塞音	改革 过关 广告 高贵 巩固
k	舌根、送气、清、塞音	开间 扣款 刻苦 空旷 科考
h	舌根、清、擦音	好坏 合伙 辉煌 浑厚 呼唤
j	舌面、不送气、清	基金 交际 解决 京剧 救济
q	舌面、送气、清、塞擦音	齐全 恰巧 全球 欠缺 情趣
x	舌面、清、擦音	细心 学习 现象 写信 欣喜
zh	舌尖后、不送气、清、塞擦音	主张 转账 真正 周折 追逐
ch	舌尖后、送气、清、塞擦音	长处 出差 传承 乘车 抽查
sh	舌尖后、清、擦音	少数 硕士 手术 上升 舒适
r	舌尖后、浊、擦音	仍然 融入 柔软 荣辱 忍让
z	舌尖前、不送气、清、塞擦音	自在 藏族 造字 祖宗 罪责
c	舌尖前、送气、清、塞擦音	层次 粗糙 残存 仓促 从此
s	舌尖前、清、擦音	洒扫 色素 琐碎 松散 思索

2.2.4 元音和韵母

韵母是音节中声母后边的部分。普通话有39个韵母。韵母既可以由元音构成，也可以由元音加鼻辅音构成；既可以由一个元音构成，也可以由两个或三个元音构成。

跟声母和辅音的关系一样，韵母和元音也是两个不同的概念。韵母是汉语传统语音分析中的概念，元音是普通语音学中的概念。韵母是汉语音节中声母后面的部分，元音则是音素中的一个大类。

一方面，韵母可以由一个单元音构成，如“bà（罢）”中的a；也可以由两个或三个元音组成，如“tào（套）”“tiao（挑）”中的ao、iao。另一方面，有的韵母是由元音加辅音（鼻辅音）构成的，如“màn（慢）”“meng（梦）”中的an、eng。我们可以根据韵母的内部结构特点，将韵母分为单元音韵母、复元音韵母和鼻音韵母三大类。

1. 单元音韵母

单元音韵母指由单个元音构成的韵母，简称单韵母。普通话中的单韵母有10个，包括7个舌面元音、2个舌尖元音、1个卷舌元音，如下所示：

舌面元音：a、o、e、ê、i、u、ü

舌尖元音：-i [ɿ]（前）、-i [ʅ]（后）

卷舌元音：er

其中，舌面元音既可以单独做韵母，也可以跟其他元音组合构成复韵母；舌尖元音和卷舌元音只能单独做韵母，可以统称为特殊元音韵母。

2. 复元音韵母

复元音韵母指由两个或三个元音复合而成的韵母，简称复韵母。普通话中的复韵母有13个，如下所示：

ai、ei、ao、ou

ia、ie、iao、iou

ua、uo、uai、uei

üe

由两个元音组成的复合元音叫二合元音，共有9个；由三个元音组成的复合元音叫三合元音，共有4个。

由于复元音韵母由两个或三个元音组合而成，因此发音时舌位、唇形都有变化。复元音的发音并不是发完一个元音再发另一个元音，而是由一个元音的发音状态快速地滑向另一个元音的发音状态，形成一个整体，整个发音过程气流连贯。也就是说，普通话复元音韵母中的各个元音常常不等于字母所代表的单元音的音值，字母只是起到标示舌位运动方向的作用。这是我们学习和讲授时要特别注意的。

3. 鼻音韵母

鼻音韵母指由一个或两个元音与做韵尾的鼻辅音结合而成的韵母，简称鼻韵母。带前鼻音 n 的韵母叫作前鼻音韵母，带后鼻音 ng 的韵母叫作后鼻音韵母。普通话中的前鼻音韵母有 8 个，后鼻音韵母也有 8 个，如下所示：

前鼻音韵母：an、en、in、un、ian、uan、üan、uen

后鼻音韵母：ang、eng、ing、ong、iong、iang、uang、ueng

押韵，也叫压韵，指在诗、词、歌、赋、曲等韵文中，为了音调和谐动听，易于唱诵，在某些句子相同的位置上（通常是句末）使用韵母相同或相近的字。

押韵最常见的是在诗歌中。古代诗歌格律比较严格，一般在诗句固定的位置上要求押韵（如律诗和绝句的偶数句必须押韵，首句也常常押韵）。例如，唐代李白的《静夜思》：

床前明月光（guāng），疑是地上霜（shuāng）。

举头望明月，低头思故乡（xiāng）。

在现代诗歌中，押韵也很常见。下面是两个例子。

顾城《一代人》中的诗句：

黑夜给了我黑色的眼睛（jīng），我却用它寻找光明（míng）。

歌曲《红豆》中的四句歌词：

还没好好地感受（shòu），雪花绽放的气候（hòu），我们一起颤抖（dǒu），会更明白，什么是温柔（róu）。

现代新诗对于押韵没有严格的要求，有的甚至不押韵。

2.3 语音的信息结构

语音本身是一种信号。对信号进行分析有多种方式，每种方式提供了不同

的角度。用来分析信号的不同角度称为域。时域和频域是信号的基本性质，可清楚反映信号的特性。一般来说，时域分析较为形象与直观，频域分析则更为简练，剖析问题更为深刻和方便。

2.3.1 时域信息

时域（time domain）是描述数学函数或物理信号与时间的关系。例如，一个信号的时域波形可以表达信号随着时间的变化。时域是真实世界，是唯一实际存在的域。人的经历都是在时域中发展和验证的，已经习惯于事件按时间的先后顺序发生。在评估数字产品的性能时，通常在时域中进行分析，因为产品的性能最终就是在时域中测量的。

简单来说，用坐标图表示，纵坐标为频率、横坐标为时间的分析方式即时域分析。时域表达的特点是简单、直观，也是我们最常用的一种方式，如信号的实时波形。

纯音（pure tone）是单一声调的音，具有音高（频率）和响度（振幅）两个基本特征。纯音信号一般可以用正弦信号来表示，如图 2-1 所示。横轴为时间，纵轴是该频率信号的幅度，即振幅。振幅的周期变化对应频率这一属性。

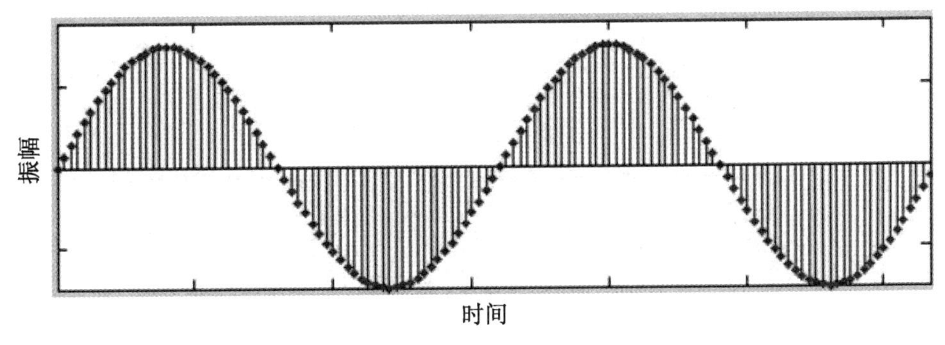

图 2-1　正弦信号

现实中的语音都是由多种纯音混合而成的，如图 2-2 的时域图所示。真实的语音可以通过傅里叶变换分解为许多频率不同、幅度不等的正弦信号的叠加。而正弦信号由幅值、频率、相位三个基本特征值就可以唯一确定，但对于两个形状相似的非正弦波形，从时域角度很难看出两个信号之间的本质区别，这就需要用到频域表达方式。

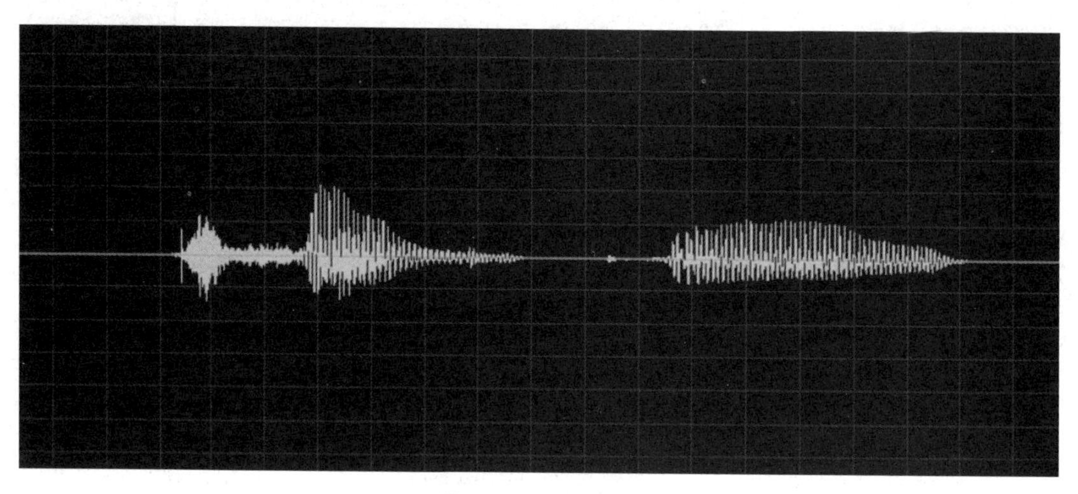

图 2-2　时域图

2.3.2　频域信息

频域（frequency domain）即频率域，自变量是频率，用坐标图表示，横轴是频率，纵轴是该频率信号的振幅。频域图常被称为频谱图，如图 2-3 所示。频域图描述了信号的频率结构及频率与该频率信号幅度的关系。频域是把时域波形的表达式做傅里叶变化得到的结果。频域图展示了语音频率和能量的分布，是更加抽象的语音描述方式。

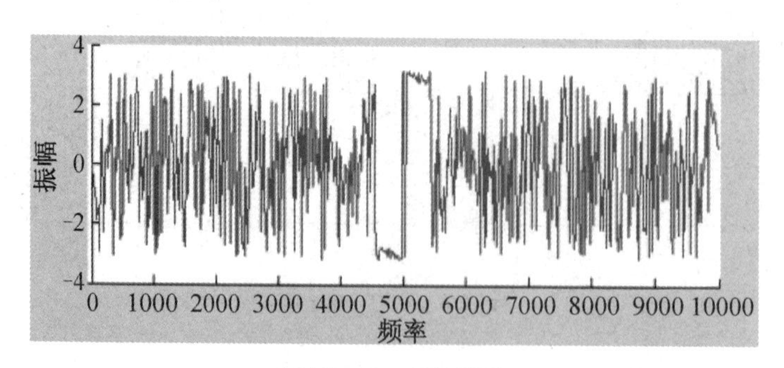

图 2-3　频域图

我们描述信号的方式有时域和频域两种，时域是描述数学函数或物理信号与时间的关系，而频域是描述信号在频率方面的特性时用到的一种坐标系。简单来说，这两种方式的纵坐标都是振幅，横坐标一个是时间，一个是频率。它

们从两个维度共同描述一个语音信号，频域和时域的关系如图 2-4 所示。时域表达的特点是简单、直观，也是最常用的一种方式，如信号的实时波形。对于两个形状相似的非正弦波形，因为从时域角度很难看出两个信号之间的本质区别，所以需要用到频域表达方式。

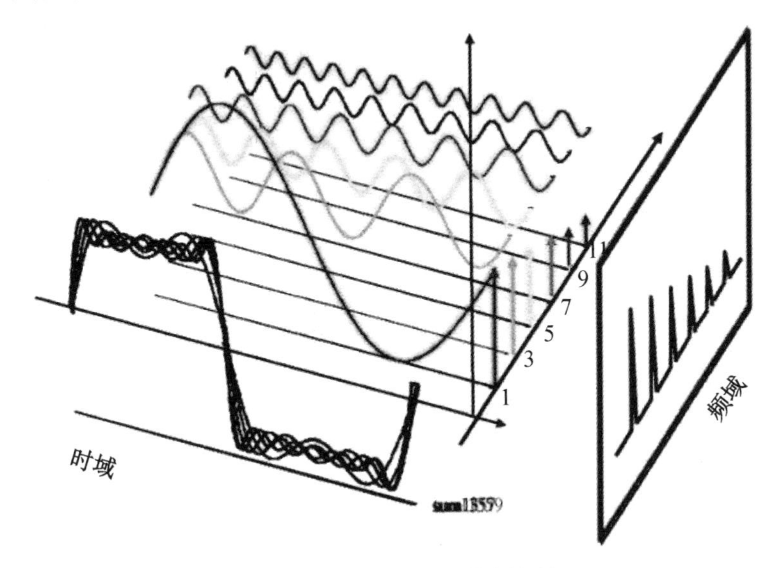

图 2-4　频域和时域的关系

任意周期信号通过傅里叶变换可分解为直流分量、基波分量和各次谐波分量的线性组合，因此，两个非正弦信号也可以进行分解，从频域坐标系上可以清晰地反映其信号构成及相互区别，因此非正弦信号必须通过各次谐波幅值、各次谐波频率和各次谐波相位三组基本特征值才能完整表达。这是十分复杂的过程，感兴趣的读者可以深入阅读信号处理相关材料，本书不再赘述。

第3章

汉字和文字数据

文字是人类用表意符号记录表达信息以传之久远的工具。现代文字大多数是记录语言的工具。人类往往先有口头语言，后产生书面文字。与通常的认知不同，人类大部分的语音是没有自己的文字的。文字的不同体现了国家和民族的书面表达的方式和思维不同。文字的出现使人类进入了有历史记录的文明社会，而且极大地改变了人类的思维方式。

文字按字音和字形，可分为表形文字（或象形文字）、表音文字和意音文字；按语音和语素，可分为音素文字、音节文字和语素文字。表形文字是人类早期的原生文字，例如，古埃及的圣书字、两河流域的楔形文字、古印度文字、美洲的玛雅文字和中国甲骨文，如图3-1所示。

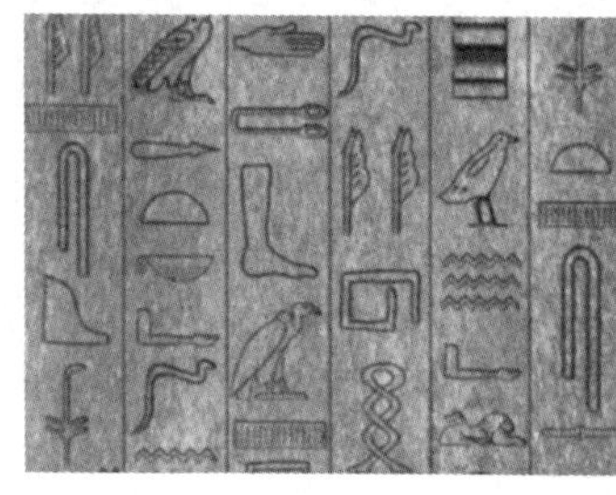

（a）古埃及圣书字

（b）两河流域楔形文字

（c）中国甲骨文

图3-1　表形文字

表音文字是用少量字母（大多数不到50个）组成单词记录语言的语音进行表义的文字。表音文字可分为音节文字和音素文字。音节文字是以音节为单位的文字，如日文的假名。音素文字是以音素为单位的文字，如英文有26个字母，西班牙文有29个字母。

意音文字是由表义的象形符号和表音的声旁组成的文字，汉字是由表形文字进化成的意音文字，同时也是语素文字。

文本信息由文字构成，进入信息时代，让文字进入计算机成为计算机处理文本的基础。进入计算机的文字以字符的形式存在。当然，字符不仅包括文字本身，还包括很多辅助符号，如运算符、操作符等。自然语言的文字是最重要的字符信息之一。人类的书写行为最终以字符数据的形式得以记录。占语言数据最大组成部分的文本数据正是由字符数据构成的，因而其具有重要的基础作用。

今天，包括汉字在内，几乎世界上所有正在被使用的文字（活文字）都已进入了计算机，可以无障碍地进行编码、解码、显示等操作。同时，越来越多的已经没有人在日常生活中使用的文字（死文字）由于研究和文化传承的需要进入了计算机，如部分甲骨文、部分原始的希腊线条文字等。本章我们将介绍汉字的演化、结构和信息处理情况。

3.1 汉字信息处理

汉字信息处理是计算机直接对汉字信息进行输入、输出和加工处理的技术。

在计算机发展之初，由于历史因素和技术因素，文字编码仅考虑英文和部分最基本的计算机操作符号的需要。最早也是今天最通行的文字编码方案美国信息交换标准代码（American Standard Code for Information Interchange，ASCII）将一个字符表示为不超过7个二进制位，即一个0和1构成的串，且长度不超过7。显然这种方式只能表示 2^7=128 个字符：英文大写字母与小写字母共52个字符，数字0～9，换行、回车等控制符，文头、文尾等通信标记符。

英语之外的其他语言的文本显然无法直接使用ASCII编码进入计算机。例如，法语字母上方有注音符号，无法用 ASCII 编码表示。而亚洲语言，尤其汉语有十万以上的文字，无法使用这种编码方式。仅为汉字编号就是不小的存储和运算开销。因而在 20 世纪中叶，不少专家悲观地表示汉字与计算机无缘。

我们必须承认，汉字字种繁多，字形复杂，汉字的信息处理与通用的字母数字类信息处理有很大差异，突出表现在汉字输入输出技术和汉字处理系统的软件方面。但是，汉字信息在信息结构、信息交换、信息加工等方面与西文信息加工又存在共性。因此，汉字信息处理多采用与西文信息处理兼容的途径，以便充分利用已有的计算机信息处理技术资源。同时，汉字信息处理还包括研究适合汉字特点的操作系统和汉字计算机语言。

为利用传统的计算机技术处理汉字信息，学者将通用字符按一定规则组合，作为汉字代码，最流行的做法是双字节代码表示法。中国的国家标准（GB/T 2312—1980）和日本的国家标准（JIS 6226）均利用两个 ASCII 码（不包括其中的控制码）表示一个汉字。因此，在汉字信息处理系统中，首要的问题是确定每个汉字同一组通用代码集合的对应关系。这样，在输入设备接收汉字信息后，即按对应关系将其转换为可由一般计算机处理的通用字符代码，然后再利用传统计算机的信息处理技术对这些代码信息的组合进行处理，如信息的比较、分类合并、检索、存储、传输和交换等。处理后的代码组合，再通过汉字输出设备，按照同样的对应关系转换为汉字字型库的相应序号，控制汉字输出设备将处理后的汉字信息直观地显示或打印出来。

3.2 汉字的结构

3.2.1 汉字的演化

表意文字和表音文字是在世界文字中并存的、代表两种发展趋势的文字系统，它们有各自的发展规律。大部分汉字既表意也表音，这使汉字基本上能够满足汉语对文字的要求，而且使汉字成为世界上一种独特的文字体系。

今天能看到的最可靠的、最早的文字资料是从公元前 14 世纪到公元前 11 世纪的商代后期的甲骨文和金文。甲骨文和金文都已经是很成熟的文字了。从原始文字到成熟文字，无疑需要相当长的时间，我们可以设想汉字的出现应该远远早于距今 3400 年左右的商代后期。

汉字和其他的古老文字一样，也是从图画和雕刻逐步演变过来的，甲骨文和金文的资料就可以证明。最初出现的汉字字符大多数是形象地刻画事物的图形，图形分别有“象形”“指事”“会意”三种情况。汉字首先是从“象形”发展到“表意”的。

“象形”是简化了的事物的图形，这肯定是最早创造出来的汉字符号的形式。象形文字必须像事物之形。但客观事物纷繁复杂，众多的抽象事物画不出具体形象，于是汉字发展出了另一种造字方法，就是“指事”。例如，“下”没有具体形象，就在一条长线的下面画一条短线来表示，后来演化为现在的写法。指事字已经由单纯象形过渡到突出表意。这让汉字使用者可以在一个象形字上加上另外的象形字构成一个新的字。这种把两个或两个以上象形字或指事字拼合在一起，并把它们的意义结合成一个新的意义的造字方法就是“会意”。例如，“休”由一个人字和一个木字组成，表示人靠在树上休息。

从单纯象形到利用象形表意，这是汉字发展的一个重大进步。汉字只有到了表意的阶段，才能够实际记录语言，才算形成了初步的文字体系。但是，表意的方法还有很大限制。例如，可以画出水流的样子来表示“水”，而江、河、湖、海等，又怎么用字表示呢？这样汉字就开始出现两种造字模式：假借表意字符来表音的假借字和一半表意一半表音的形声字。汉字从“表意”发展到了一定程度的“表音”。

“假借”是汉字中较早出现的一种纯粹表音的方式。甲骨文中就已经有了不少的假借字。卜辞“其自东来雨”，这个句子中就有四个字是假借字。例如，“其”就是“箕”的初文，这里借为虚词；“自”最早是“鼻子”的意思，这里借为介词；“来”本义是“大麦”，这里借为动词。有了同音假借的方法，就可以用较少的字记录语言中较多的词语，甲骨文中假借字较多，就是当时字少的缘故。

但是，假借必然会造成大量的同音字和多义字，于是汉字产生了一种一半符号表示意义、一半符号表示声音的“形声字”。例如，前面说的江、河、湖、海等各种水体，由于有了形声字，表示它们的字的形符都是三点水，表示跟水有关，但声符不同，各自表示不同的水体。由于形声字有区别同音字和多义字的作用，而且很容易造出来，因此数量越来越多，并部分取代了假借字和其他表形的字符，最终成为汉字的主体。

汉字在历史上对其他民族的文字也产生过重要影响。公元元年前后，汉字就开始向南传播到越南，向东传播到朝鲜，从朝鲜再传播到日本。上述国家长期使用汉字记录自己的语言，因而形成了“汉字文化圈”。在直接使用汉字的基础上，不同民族根据自己语言的特点和汉字造字的原理，自行发展本民族的方块字，或利用汉字部件来拼写本民族语言。例如，朝鲜人借用汉字的笔画创造出笔画式的音素字母“谚文”，越南人以汉字为基础创造出自己的拼音文字“字喃”，日本人则采用汉字的偏旁和草书创造出汉字式的音节字母“假名”，这些都是表音文字。

另外，汉字从甲骨文、金文到现代汉字，在字形方面也发生了重大变化，但只是文字字体的演变，不是字符的演变。汉字大致经历了甲骨文和金文、小篆、隶书、楷书几个不同字体阶段。其中甲骨文和金文是同时代的，可能只是因使用场合和书写材料不同形成的不同字体。小篆是经过秦朝“书同文”规范化的，但是形体太复杂，在汉字简化的趋势下，很快让位于隶书和楷书。隶书出现得比小篆还早，可是成为一种通行字体比小篆晚。甲骨文和金文的象形程度比较高，还没有完全线条化，隶书和小篆都已经完全线条化了。楷书最早出现在魏晋之际，到南北朝时期被广泛使用，到隋唐时期才在一定程度上规范化。不久之后，印刷术出现，在技术的推动下，汉字的字体基本稳定下来了，但字形简化的趋势始终没有停止。书法中的行书和草书并不是普遍通行的规范字体，可以将它们看作汉字的别体。

3.2.2 汉字的特点

如果跟印欧语的文字比较，汉字最主要的特点可以概括为以下五个方面。

1. 汉语缺乏形态变化，汉字与之基本适应

印欧语有丰富的形态变化，如常常要在词的前后加上词缀，如名词复数要加“-s”，动词进行时要加“-ing”等，这种变化用表示音素的字母来记录比较容易。反过来，汉语一个字始终表示一个语素（古代是词），没有词形变化，所以汉字正好是符合这一特点的。我们可以假设，如果汉语中也出现词的前后加词缀的形态变化，那么现在这种汉字形式就可能改变。例如，日语因为本身有一些词形的变化，所以借用汉字之后又创造出假名字母来补充。

2. 每个汉字都有意义，是形、音、义的统一体

印欧语的声学单位（音素）、听觉单位（音节）和意义单位（词）三者各自独立，表音字符不联系意义，因此比较适合采用意义和声音分离的音素文字。相反，汉字的字不但有字形、读音，还都有意义，形、音、义三者统一在一个汉字中，因此比较适合采用表意兼表音的意音文字。我们可以假设，如果汉字字符都只表音而不表意，那么现在这种文字形式也就可能改变。例如，越南语只借用汉字来记录语言中的音，而不联系意义，所以后来变成了拼音文字。

3. 汉字字形不跟着读音改变，具有超时间性和超空间性

印欧语文字是音素（音位）文字，读音变了，文字也必须跟着变。例如，现代德语和古代德语的差异巨大，同属拉丁语系的法语、意大利语、西班牙语等，不同国家的人不经过学习可能也看不懂对方的文字。对汉字来说，即使读音改变了，字形和字义也基本保持不变。所以，从古到今，中国人读四书五经，虽需要解释，但不会感到有太大困难。从北往南，今天的山东人、浙江人和福建人互相说话可能听不懂对方在说什么，可书信往来没有问题。这都是因为，虽然汉语古今语音和方言语音不同，但汉字系统十分统一。我们可以假设，如果汉字字符也跟着读音变化，那么不但历史上的文献现在可能无人能懂，而且各种方言也就可能像古罗马的拉丁语那样，分化成不同的语言了。

4. 汉字虽是意音文字，但缺乏完备的表音系统

印欧语文字是音素（音位）文字，而且字符随着读音改变，所以看到字母的组合就能大致拼出正确的读音来。汉字虽然都有读音，但很难通过字符准确

和统一地表示出来。象形字、指事字和会意字等本来就没有专门表音的成分，看到字也无法知道音；就是有表音成分的形声字，声符也大多数不能提示正确的读音。俗话说“认字读半边”，实际上很不可靠。所以，有人认为，如果要求汉字的字符都可以准确表示语音，那么至少现在这套汉字字符体系是难以实现的。因此，需要汉语拼音这样的附文字系统来加以辅助。

5. 汉字的字符数量繁多，字形结构过于复杂

对任何一种语言进行分析，其中包含的音素（音位）的数量总是有限的，而包含的音节的数量较多，包含的语素或词语的数量就会更多。印欧语的字母记录的是语言中的音素（音位），这样字母数量也就很有限，如英语字母只有 26 个，西里尔字母只有 33 个，字母数量少，当然字形就不会很复杂。汉字记录的是汉语中的语素或词，字符数量巨大。汉字的总数估计在 5 万个以上，通用规范汉字有 8105 个。同时，汉字字符的结构十分复杂，汉字的基础部件就有 560 个，笔画形式和组合方式多种多样。所以，汉字难认、难读、难写、难记，这就是所谓“四难”状况，使汉字的学习成本很大。

3.3 汉字的信息化

3.3.1 字符编码

自然语言的字符是通过编码的形式进入计算机的。这里有几个基本概念需要解释。

位（bit）是计算机存储信息的最小单位，音译比特，二进制的一个“0”或一个“1”叫一位。

字节（byte）是一种计量单位，表示数据量多少，是计算机信息技术用于计量存储容量的一种计量单位，8 个二进制位组成 1 字节。在 ASCII 码中，一个标准英文字母（不分大小写）占 1 字节位置，一个标准汉字占 2 字节位置。

字符指计算机中使用的文字和符号，如“1，2，3”“A，B，C”“～！·#￥%…*（）+”等。

ASCII 码的英文全称是“American Standard Code for Information Interchange”，中文译为“美国信息交换标准码”。

ASCII 码无法表示非英语字符，因而美国国家标准学会（American National Standard Institite，ANSI）开发了 ASCII 扩展码。其中一个英文字母（不分大小写）占 1 字节的空间，一个中文汉字占 2 字节的空间。其他语言也有自己的双字节编码方式。

ASCII 扩展码十分简单，因而普及率很高。但是，不同文字混排容易出现歧义和混乱。如果所有语言所有符号都有独一无二的编码，那么乱码问题就会消失。为此，Unicode 编码方式应运而生。Unicode 编码形式用 2 字节表示一个字符（如果要用到非常偏僻的字符，就需要 4 字节）。现代操作系统和大多数编程语言直接支持 Unicode。

但是，原本可以用 1 字节存储的英文字母必须用 2 字节存储（规则就是在原来英文字母对应 ASCII 码前面补 0），这就产生了浪费。因此，UTF-8 编码方式出现了，它可以使用 1～4 字节表示一个符号，根据符号的不同改变字节长度（由第一个字节的符号来标识后面多少字节构成一个字符）。

对于英文字母等 ASCII 码原有的字符，UTF-8 保留了 ASCII 码字符 1 字节的编码作为它的一部分。在 UTF-8 中，一个中文字符占 3 字节。Unicode 与 UTF-8 并不是直接对应的，而是要经过一些算法和规则来转换。

3.3.2 汉字编码

汉字编码是汉字在计算机内存中的存储方案和规则。不同的编码方式形成不同的字符集。自 20 世纪 80 年代开始，我国开始为汉字编码工作制定国家标准，并逐步与国际接轨。2005 年发布的《信息技术 中文编码字符集》（GB 18030—2005），以国家标准字符收集的汉字达 70244 个。现行的 10 部国家标准和 1 部电子行业标准较好地解决了汉字在计算机中的存储、交换和处理问题，可以满足信息技术发展的要求。中文编码国家标准与行业标准（截至 2016 年）

如表 3-1 所示。

表 3-1　中文编码国家标准与行业标准（截至 2016 年）

序号	名　称	发布形式	初次发布年份	发布单位	备　注
1	信息交换用汉字编码字符集 基本集	国家标准	1980	国家技术监督局	—
2	信息交换用汉字编码字符集 第二辅助集	国家标准	1987	国家技术监督局	—
3	信息交换用汉字编码字符集 第四辅助集	国家标准	1987	国家技术监督局	—
4	信息交换用汉字编码字符集 辅助集	国家标准	1990	国家技术监督局	—
5	信息交换用汉字编码字符集 第三辅助集	国家标准	1991	国家技术监督局	—
6	信息交换用汉字编码字符集 第五辅助集	国家标准	1991	国家技术监督局	—
7	图文电视广播用汉字编码字符集 香港子集	国家标准	1995	国家技术监督局	—
8	信息交换用汉字编码字符集 第七辅助集	国家标准	1998	国家技术监督局	—
9	信息技术 通用多八位编码字符集（UCS）第一部分：体系结构与基本多文种平面	国家标准	1993	国家技术监督局	2010 年修订发布，在多八位编码技术上实现了国际兼容，国内实用
10	信息技术 中文编码字符集	国家标准	2000	国家质检总局、国家标准委	2005 年修订发布，共收录汉字 70244 个，是目前我国收录汉字最多的国家标准
11	信息技术 信息交换用汉字编码字符集 第八辅助集	行业标准	2001	信息产业部	—

经过近 40 年的发展，我国的中文编码标准已实现国内通用、国际接轨，并兼容少数民族文字，较好地满足了社会需求。

3.3.3 汉字的字符集

汉字编码规范为解决中文进入计算机和互联网这一输入问题奠定了基础。与其相对应，汉字字型规范，尤其面向信息化的点阵与矢量字型规范是实现虚拟空间中文信息输出的基础工作。

在计算机图形输出中，一个具体字符的形状称为字形。具有同一设计的字形图像的集合构成了字型。在日常生活中，“字型”常与“字库”混用。字型规范标准通常包括字符集标准、字库格式、字形和字体设计方面的信息。字库是汉字书写文明在信息化时代的主要输出形式。

20 世纪 80 年代，王选的激光照排技术使字体从铅字时代进入计算机时代。字型标准所对应的汉字编码字符集决定了其涵盖的字形范围。现行规范标准已对汉字编码字符集（GB/T 2312 与 GB 18030）、CJK 汉字编码字符集、通用多八位编码字符集（多文种平面）所包含的汉字制定了多字体、多尺寸的标准字型。我国现行编码字符集已全部实现 24×24 点阵宋体字型标准化；与 Unicode 兼容的通用多八位编码字符集在多个尺寸上对宋体和黑体进行了字型规范；社会生活中高频使用的汉字编码字符集基本集（GB/T 2312）也已实现宋体、仿宋体、楷体、黑体四种基本印刷字体标准化。

20 世纪 90 年代，我国字库行业迅速发展，国内出现了十余家字库厂商，较知名的有方正、汉仪、华文、华光、中易、四通、长城等。进入 21 世纪，随着市场与技术的发展，中国字库行业有了质的飞跃，不仅开发出了多款利于排版印刷、便于用户阅读的正文类字体，还新增了近两百款创意、书法类字体，用以满足各类设计需求。专用字体，如屏幕字体和特殊领域字体（公安、国防、教育等）成为各字体厂商的竞争焦点。目前我国字体款数已超过 600 款。

移动互联网的发展也促使字库行业不断进行技术创新，如字库压缩技术（针对移动设备存储问题）、Hint 指令技术（针对小字号屏幕显示清晰度问题）、字库云服务（针对网页字体嵌入问题）等。

2006 年，新闻出版总署启动“中华字库”工程，旨在搜集、整理、编码并构建涵盖古今汉字和古今少数民族文字形体的大规模字库系统。该工程预计收录的汉字字符约为 30 万字。图 3-2 为字库字型示例。

图 3–2　字库字型示例

关于汉字字型的国家标准如表 3-2 所示。汉字字型标准如表 3-3 所示。

表 3-2 关于汉字字型的国家标准

标准名称	备注
信息技术 字型信息交换	包含 GB/T 16964.1—1997 GB/T 16964.2—1997 GB/T 16964.3—1997
信息技术 通用编码字符集（基本多文种平面）汉字 24 点阵字型	包含 GB/T 19967.1—2019 GB/T 19967.2—2019
信息技术 通用编码字符集（基本多文种平面）汉字 48 点阵字型 第 1 部分：宋体	GB/T 19968.1—2019
信息技术 汉字编码字符集（基本集）48 点阵字型	包含 GB/T 12041.1—2010 GB/T 12041.2—2008 GB/T12041.3—2008 GB/T12041.4—2008
信息技术 汉字编码字符集（基本集）64 点阵字型	包含 GB/T 14245.1—2008 GB/T 14245.2—2008 GB/T 14245.3—2008 GB/T 14245.4—2008
信息技术 中文编码字符集 汉字 15×16 点阵字型	GB/T 22320—2019
信息技术 中文编码字符集 汉字 48 点阵字型 第 1 部分：宋体	GB/T 22321.1—2018
信息技术 中文编码字符集 汉字 24 点阵字型 第 1 部分：宋体	GB/T 22322.1—2019
信息技术 汉字编码字符集 24 点阵字型	包含 GB/T 5007.1—2010 GB/T 5007.2—2008
信息技术 汉字编码字符集（基本集）32 点阵字型	包含 GB/T 6345.1—2010 GB/T 6345.2—2008 GB/T 6345.3—2008 GB/T 6345.4—2008
信息技术 汉字字型要求和检测方法	GB/T 11460—2009
信息技术 通用多八位编码字符集（CJK 统一汉字）24 点阵字型 第 1 部分：宋体	GB/T 16793.1—2010
信息技术 通用多八位编码字符集（CJK 统一汉字）48 点阵字型 第 1 部分：宋体	GB/T 16794.1—2010

续表

标准名称	备注
信息技术 通用多八位编码字符集（CJK 统一汉字）15×16 点阵字型	GB/T 17698—2010
信息技术 通用多八位编码字符集（基本多文种平面）汉字 32 点阵字型	包含 GB/T 25899.1—2019 GB/T 25899.2—2019
信息技术 汉字编码字符集（基本集）15×16 点阵字型	GB/T 5199—2010
信息技术 通用编码字符集（基本多文种平面）汉字 17×18 点阵字型	GB/T 30878—2019
信息技术 通用编码字符集（基本多文种平面）汉字 22 点阵字型	包含 GB/T 30879.1—2019 GB/T 30879.2—2019
信息技术 通用多八位编码字符集（基本多文种平面）汉字 28 点阵字型	包含 GB/T 32636.1—2016 GB/T 32636.2—2016

表 3-3 汉字字型标准

对应字符集	字体	点阵规格	标准数量（部）
汉字编码字符集（基本集）（GB/T 2312—1980）	宋体、仿宋体、楷体、黑体	15×16、24×24、32×32、48×48、64×64	5
汉字编码字符集（辅助集）	宋体	24×24	1
通用编码字符集（基本多文种平面）	宋体、黑体	16×16、17×18、22×22、24×24、28×28、32×32、48×48	6
通用多八位编码字符集（CJK 统一汉字）	宋体	15×16、24×24、48×48	3
中文编码字符集（GB 18030）	宋体	24×24、48×48	3

第4章

词法和词义

词汇是语言中词和固定语的总和，也叫语汇。它也可以用来指特定范围内词和固定语的总和，如“鲁迅词汇”“计算机词汇”等。词汇是语言最重要的组成部分之一。如果将语言这个符号系统比作一栋建筑，那么它就是建筑材料。人类的语言交际有赖于一个个词有机结合在一起，实现语义的表达和传递。一种语言或一个领域的词汇越丰富，使用越多样，则这种语言或这个领域的语言表现力就越强。一个人要想充分掌握某种语言，就必须尽可能多地丰富自己的词汇量，掌握词语的用法。

词语的用法是词法，包括词语的组合规则与聚合规则。简单地讲，组合规则描述什么样的词可以互相搭配组成一个语句，如“威武的坦克”是正确的说法，“威武的苹果”“坦克的威武”都是错误的。诚然，“坦克的威武”还在一定程度上涉及句法的问题，我们在关于词法和句法的内容都会介绍。与组合规则不同，聚合规则描述词的分类情况，如“苹果”“坦克”“计算机”等都是表示人、事物、时间、地点等的词汇，聚合形成的词类是名词，“打”“跳跃”等词汇表示动作，聚合形成的词类是动词。

词法和词义显然有所关联。词语的意义，即词义，从表面上看很简单，但实际包含不同的构成要素，如理性义、感情义等需要加以区分。然而，这样的

区分对于现在的语言智能技术还十分困难，其根本在于有关词义和词法的知识不够全面、丰富和精确。即便如此，词语数据资源依然是语言智能中最基础的数据资源。本章将对词法、词义和它们面临的语言信息处理方面的任务和资源进行介绍。

4.1 词与词处理

正如前面的定义，词汇是一种语言或一个领域词和固定语的总和，可以根据语言将其分为“汉语词汇”“西班牙语词汇”“斯瓦希里语词汇”等，在一种语言内部自然有“通用语词汇”和“方言词汇”、“书面语词汇”和“口语词汇”、“基本词汇”和“一般词汇”、“现代词汇”和“古代词汇”之分。词汇所属的领域可以是一个专业领域（如“汽车词汇”“计算机词汇”“文学词汇”等）、某个人（如“鲁迅词汇”“郭沫若词汇”“茅盾词汇”等）或某部作品（如“诗经词汇”“毛选词汇”“红楼梦词汇”等）。

还有两个和固定语相关的概念，分别叫“短语”（phrase）和“语块”（chunk）。短语是由词和词组合形成的语义固定片段，也叫词组，它和词都表示一定的意义，也是造句成分，可以单独使用，但不是“最小的”能够独立运用的单位。它是可以分离的，中间往往能插入其他造句成分，而词是不能分离的，分离之后就不表示原来的意义了。语块则更多在词的认知领域被研究，是人的脑神经在进行语言信号处理过程中整体存取和处理的单位。大多数语块和词相同，也有很多高频的组合意义不等于成分意义之和的词组成为语块（如“说曹操曹操就到”其实与曹操这个人物并无关系）。不论是“短语”还是“语块”，它们和词汇都不是泾渭分明的，有很多模糊的地方，这就给语言智能中的汉语词处理带来不小的困扰。

所有语言的词汇都是开放系统，因此很难说一种语言的词汇究竟有多少。即便可以测量，这一数值也随着时间不断变化。我们通常只能估计一种语言词汇规模的范围。对于汉语而言，《现代汉语词典》（第6版）收录词条6.9万个，《辞海》（第6版）收录词条12.7万个。在线新华字典目前已经收录20959个汉

字、52 万个词语。各个领域的专业术语和地名、组织机构名等浩如烟海，难以穷尽。这也是在语言智能中词处理面临的一个挑战。

在语言智能文本处理解决了文字进入计算机这一难关（详见第 3 章）之后，词处理是在语言智能中最基础而关键的任务。词处理最主要的任务是分词、命名实体识别和词性标注。

4.1.1 分词

印欧语系单词之间是以空格作为自然分界符的（这是中世纪甚至更晚出现的现象），而汉语的词语之间没有明显的分隔标记。因此，中文分词是中文信息处理的一个重要任务。简单地讲，中文分词就是利用计算机将待处理的文字串进行处理，输出中文单词和数字串等一系列分割好的字符串。这一步骤称为分词（word segmentation 或 tokenization）。例 1 展示了一个中文句子分词前后的差异。当然，该例句含有歧义，因而有两种分词结果。

例 1

分词前：自动化研究所取得的成就。

分词后：自动化 研究 所 取得 的 成就。

分词后：自动化 研究所 取得 的 成就。

中文分词是其他中文信息处理的基础与关键，机器翻译、语音合成、自动分类、自动摘要、自动校对、信息检索、语料库语言信息标注等，都需要用到分词技术。常见的分词方法主要有以下三种。

1. 基于字符串匹配的分词方法

该方法又称为机械式分词方法或基于词典的分词方法，它是按照一定策略将待分析的汉字串与一个机器词典中的词条进行匹配，若在词典中找到某个字符串，则匹配成功。根据扫描方向的不同，匹配又可分为正向匹配、逆向匹配和双向匹配。常见的匹配原则有逐词匹配、最大匹配、最小匹配和最佳匹配。这种方法的优点是算法简单、易于实现，缺点是匹配速度慢、存在歧义切分问题、缺乏自学习的智能性。

2. 基于统计的分词方法

该方法使用多种统计机器学习模型，在大规模训练数据（已分好词的数据）中统计词成分和非词成分的差异，并以此对分词数据进行标记和判断。

3. 基于深度神经网络的分词方法

该方法的基本思想是模拟人脑对语言和句子的理解，以深度神经网络模型捕捉大规模训练数据中的词语分布信息，以达到识别词汇单位的效果。这类方法需要使用大量的语言知识和信息。

中文分词算法的难点主要是未登录词的识别问题和歧义问题。未登录词主要包括中外人名、中国地名、机构组织名、货币名（以上几类也称为命名实体）和事件名、缩略语、派生词、各种专业术语，以及在不断发展和约定俗成的一些新词语。

4.1.2 命名实体识别

显然有些词比其他词更能帮助我们了解文本内容，如人名和组织机构名可以帮我们把握文本是关于“谁”的，地名可以让我们快速定位事件发生的地点。在分词的基础上，把这些“实体”标注出来就显得格外重要。这类实体通常不是普通的名词，如“山”“河”“人”，而是命名的，如“岳麓山”“拒马河”“李政道”。这类词称为命名实体。命名实体识别又称为专名识别，是指识别文本中具有特定意义的实体，主要包括人名、地名、机构名、专有名词等，如例 2 所示。

例 2①

[自动化研究所] nt 取得的成就

[钱学森] nr 是 [国防部 第五 研究院] nt 的创始人。

有的命名实体显然超出了词的范围，更像一个短语，但在使用中整体使用，

① nr 和 nt 分别表示人名、组织机构名。符号来自北大分词词性标注语料库标准（俞士汶，2002）。

在人脑里也是整体加工存储的；在计算机的处理过程中也是如此。

命名实体识别的步骤通常包括两部分：一是实体边界识别，二是确定实体类别（人名、地名、机构名或其他）。英语中的命名实体具有比较明显的形式标志（实体中的每个词的第一个字母要大写），所以实体边界识别相对容易，任务的重点是确定实体的类别。和英语相比，汉语命名实体识别任务更加复杂，而且相对于实体类别标注子任务，实体边界的识别更加困难。

4.1.3 词性标注

命名实体识别这一工作，将词分成了命名实体和非命名实体两类。但是，在非命名实体中，词汇仍有很大的差别，并且具有不同的功能。给定一个切好词的句子，词性标注的目的是给每个词赋予一个类别，这个类别称为词性标记，如名词、动词、形容词等。一般来说，属于相同词性的词，在句法或语义中担任类似的角色。

分词和词性标注目前所采用的主流技术路线都是将句子视作字符序列，在其上对词边界和词性进行标注；通过对大量标注数据进行统计分析，设计自动标注器，实现自然文本的分词与词性标注。目前主流的分词和词性标注的符号形式如例 3 所示。

例 3[①]

原始句子：北京大学师生参加义务劳动。

分词标注： B I I E B E B E B I I E

词性标注：[北京/ns 大学/n] nt 师生/n 参加/v 义务劳动/l

词性标注在本质上是词的分类问题，将语料库中的单词按词性分类。一个词的词性由其在所属语言的含义、形态和语法功能决定。以汉语为例，汉语的词类系统有 18 个子类（按照北京大学 CCL 语料库的划分标准），包括 7 类体词、

---

① 分词标注中 B、I、E 分别标注词的开始字、中间字和结尾字。词性标注中 ns、n、nt、v 和 l 分别表示地名、名词、组织名、动词和固定表达方式。符号来自北京大学分词词性标注语料库标准（俞士汶，2002）。

4类谓词、5类虚词，以及代词和感叹词。词类不是闭合集，而是有兼词现象。例如，“制服”在作为“服装”和作为“动作”时会被归入不同的词类，因此词性标注与上下文有关。对词类的理论研究可以得到基于人工规则的词性标注方法，这类方法对句子的形态进行分析并按预先给定的规则为相应的词赋予词类。

4.2 词汇的结构

4.2.1 词汇的结构单元

1. 语素

语素是最小的有音有意义的语言单位。一般来说，意义分两种：表示事物、现象的意义叫词汇意义，只表示语法作用的意义叫语法意义。例如，“书”是语素，它的语音形式是“shū”，它的词汇意义是“成本的著作”，语法意义是名词。“马虎”也是一个语素，它的语音形式是“mǎ hu”，词汇意义是“不认真”，语法意义是形容词。“吗”的语音形式是“ma”，语法意义是表示疑问语气，没有词汇意义。总之，既有词汇意义，又有语法意义的语素叫实语素；只有语法意义，没有词汇意义的语素叫虚语素。

现代汉语的语素绝大部分是单音节，如“天”“地”“河”“农”“土”“啥”“而”“吗”；也有两个音节的，如“踌躇”“葡萄”“牢骚”“参差”“尼龙”等；还有三个或三个以上音节的，如“法西斯”“辛迪加”“巧克力”“吐鲁番”“乌鲁木齐”“布尔什维克”等。双音节语素有一部分来自其他语言，三音节和三音节以上的语素大多数来自其他语言。这一特性给语言信息处理中的词内分析带来了很大的便利。

确定语素可以采用替代法，用已知语素替代有待确定是否为语素的语言单位。“足球”中的“足”和“球”可以为其他已知语素替代。例如：

足——足底、足部、足下

球——球体、球鞋、球迷

由此可见，“足”和“球”各是一个语素。需要注意的是，两种替代缺一不可。例如，虽然“蝴蝶”中的“蝴”可以为其他语素替代，如“凤蝶”“闪蝶”等，“蝶”却不能为其他已知语素代替，即“蝴～”不能替换为其他语素。因此，“蝴蝶”只是一个语素，“蝶”有时作为“蝴蝶”的代表或简称，“蝶”可叫简称语素，“蝴蝶”就是全称语素。在其他组合中，如“凤蝶”“闪蝶”分别是两个语素组成的词，“骆驼”也是如此。采用替代法还要注意在替代中保持意义基本一致。例如，“马虎”，如果按下面的方式替代便是错误的：

马——马虎、老虎、东北虎、虎鲸

虎——马虎、马棚、马尾、马掌

因为“马虎”中的“马”与“虎”同“马棚”“老虎”中的“马”与“虎”在意义上毫无关系。实际上“马虎”中的“马”与“虎”都不能为其他已知语素替代，所以都不是语素，“马虎”只能合起来算一个语素。

从词汇材料角度考虑，以语素的构词能力为标准，可以把语素分为以下两种。

（1）成词语素。

能够独立成词的语素叫成词语素。例如：

天、地、牛、马、跑、远、重、二、大

我、你、谁、不、又、葡萄、橄榄

成词语素能够单独成词，大多数也能够跟其他语素组合成词，如葡萄糖、橄榄油。

（2）不成词语素。

不能单独成词的语素叫不成词语素，必须跟其他语素组合成词。

不成词语素又可分为以下两类。

① 可以承担所组成的词的全部或部分意义，位置一般是自由的。例如：

民、语、伟、类、境、丰、型

奋、卫、荣、羽、固、阐、瞰

② 不成词语素只表示附加的意义，在词的结构中位置是固定的，就是词缀。例如：

老、阿、子、性、者、家（姑娘家、孩子家）

儿（花儿、鱼儿）、化（绿化、现代化）

表示词的基本意义的语素叫“词根”，包括不定位不成词语素、成词语素。

表示词的附加意义和起语法作用的语素叫“词缀”，为定位不成词语素。在词根前的词缀叫“前缀”，如“老”“阿”；在词根后的词缀叫“后缀”，如“子”“头”。语素与词根、词缀的关系如图 4-1 所示。

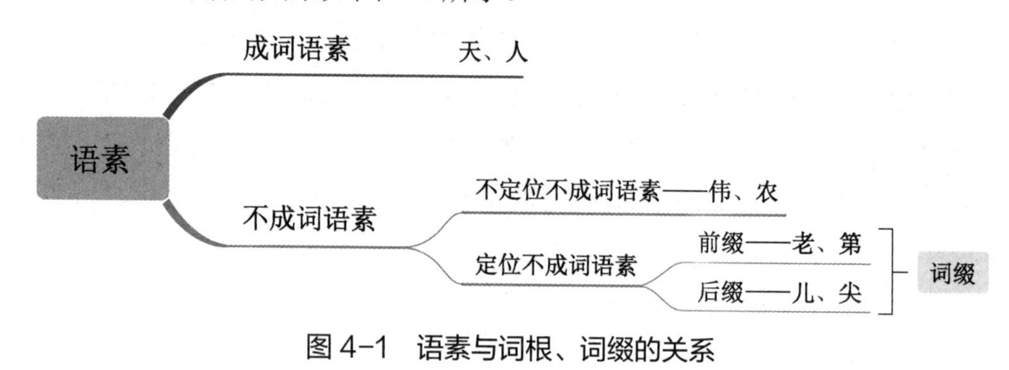

图 4-1　语素与词根、词缀的关系

2. 词

词由语素构成，两者都是词汇单位，也是语法单位。词是语言中最小的能独立运用的有音有意义的语言单位。“独立运用”是指能够“单说”（单独成句）或“单用”（单独充当句法成分或单独起语法作用，但不能单独成句）。例如：

他又来喝水了。

“他”“来”“喝”“水”都能够单说，即单独回答问题，可以单独充当句法成分，充当主语等；余下的“又”能单独充当句法成分，“了”能单独起语法作用，即可以单用。这种区别词和语素的方法就是剩余法。所以，句子中的成词语素只要不与别的语素组词，就都是能独立运用的单位——词。不论成词语素还是不成词语素，都可以与其他语素组合成词。

“最小的”是说词是不能扩展的，即在词中间一般不能再插入其他成分，即使两个成词语素组成的词也是不能分开的，如“新娘”“信件”“山水”“土地”“摔打”“开放”“举报”“美好”“优良”等。这就要注意词与短语的区别。

短语是由词逐层组成的、没有语调的语言单位，它和词一样，也表示一定的意义，也是造句成分，可以单用，多数能单说。和词不同的是，短语不是“最小的”能够独立运用的单位，它是可以分离的，中间往往能插入其他成分（扩展），而词一般是不能分离的，分离之后就不表示原来的意思了。例如，“骑兵”不能扩展，是一个词；“骑马”可以扩展（骑了一匹马），便是短语。“头痛”，在“这件事，我头痛”中不能扩展，是一个词；在“我今天头痛”中，可以扩展成“我今天头真痛”，便是短语。这种区别词和短语的方法叫扩展法，或插入

法。我们可以用“的”“得”“和”等作为探测手段。例如，偏正结构“冰箱”不是“冰的箱子”，“热心”不是“热的心”；补充结构“改进”不能说“改得进”“改不进”，“指正”不是“指得正”；联合结构“子女”不是“子和女”，“买卖”不是“又买又卖”；它们都是词，不是短语。还有一种离合词，如“洗澡”“理发”，合起来算一个词；分开用时，如“我洗了澡”，“我这个月理了两次发”，算两个词。

表 4-1 直观地表明了字、语素和词之间的关系。

表 4-1　字、语素和词的关系示例

<table>
<tr><th>类　别</th><th colspan="7">示　例</th><th>差　异</th></tr>
<tr><td>字</td><td>谁</td><td>喜</td><td>欢</td><td>巧</td><td>克</td><td>力</td><td>糖</td><td>7 个字</td></tr>
<tr><td>语素</td><td>谁</td><td>喜</td><td>欢</td><td colspan="3">巧克力</td><td>糖</td><td>5 个语素</td></tr>
<tr><td>词</td><td>谁</td><td colspan="2">喜欢</td><td colspan="4">巧克力糖</td><td>3 个词</td></tr>
</table>

“谁喜欢巧克力糖”7 个字，记录了 5 个语素，5 个语素构成 3 个词。“谁”一个字记录一个语素、一个词；“喜欢”两个字记录两个语素、一个词；“巧克力糖”四个字记录两个语素、一个词。有的字不是语素，也不是词，只是一个音节，如“玻、璃”“巧、克、力”。由此可见，词、语素和字并不是一一对应的关系。

3. 固定短语

固定短语是词与词的固定组合，一般不能任意增减、更换其中的成分，与之相对的叫临时短语。临时短语是词与词的临时组合（如“看报”“撰写论文”等），一般称为“短语”，不属于词汇，属于语法的研究范围。固定短语可分为专名（专有名称）和熟语两类。

专名绝大多数是企事业单位的名标。成立机关，开办工厂、商店、学校等，都要取个专名，以别于其他单位。例如，“发展和改革委员会”“联合国世界粮农组织”“华为电子科技有限公司”“常州大学”等。召集会议，举办活动，也可以用固定短语作为专名，如“世界数学大会”“北京奥林匹克运动会”。短语一旦用作书名、文章名、杂志名、电影名等，就会成为固定短语，如《老舍集》《我的父亲母亲》《流浪地球》等；如不是书名、文章名、杂志名、电影名等，就只是一般短语。

熟语包括成语（如“颠三倒四”“鞭长莫及”）、惯用语（如“太岁头上动土”）歇后语［如“老夫子搬家——全是书（输）”］、谚语（如“瓜菜半年粮”）。熟语在结构上比较固定，在功能上相当于一个词。

4.2.2 词语的类型

由一个语素构成的词，叫作单纯词。由两个或两个以上的语素构成的词，叫作合成词。

1. 单纯词（单语素词）

单音节的单纯词如“火”“水”等，多音节的单纯词有以下几类。

（1）联绵词。

联绵词指两个不同的音节连缀成一个语素，表示一个意义的词。联绵词多由古代传承下来（也包含古代进入汉语的外来词）。其中有双声词、叠韵词、非双声叠韵词。

① 双声词指两个音节声母相同的联绵词。例如：

参差、仿佛、忐忑、伶俐、崎岖、玻璃

玲珑、蜘蛛、枇杷、吩咐、尴尬、慷慨

② 叠韵词指两个音节的“韵”相同的联绵词。例如：

彷徨、窈窕、烂漫、从容、缠绵、峥嵘

逍遥、蟑螂、哆嗦、翩跹、叮咛、须臾

③ 非双声叠韵词指两个音节声韵都不同的联绵词。例如:

蝴蝶、芙蓉、蝙蝠、鸳鸯、蛤蚧

（2）叠音词。

叠音词由不成词语素的音节重叠构成，重叠后仍只是一个双音语素，是单语素词，不是词的形态变化。例如：

潺潺、皑皑、猩猩、姥姥、饽饽、瑟瑟

（3）音译外来词。

葡萄、咖啡、巴士、沙发、巧克力、阿司匹林、歇斯底里

拟声词也是单纯词，多音节的拟声词如“呼呼”“哗啦啦”“咚咚”“稀里哗啦”“叽里咕噜”等。

2. 合成词（多语素词）

合成词有复合式、重叠式、附加式三种构词方式。

（1）复合式。

复合式合成词由多个不同的词根结合在一起构成。从词根和词根之间的关系看，主要有五种类型。

① 联合型又叫并列式。由两个意义相同、相近、相关或相反的词根并列组合而成。例如：

a. 途径、渠道、价值、关闭、朋友、开启

b. 骨肉、分寸、领袖、眉目、手腕、矛盾

c. 国家、质量、窗户、人物、始终

a 组合成词，两个词根的意义并列，可以互相说明。b 组合成词，两个词根结合起来产生新的意义，如“骨肉”是至亲的意思，“眉目”是头绪、条理的意思。c 组合成词，两个词根组合成词后只有一个词根的意义在起作用，另一个词根的意义完全消失，如“忘记”只有“忘”的意思，“动静”只有“动”的意思。c 组合成词又称偏义词。

② 偏正型。前一个词根修饰、限制后一个词根。例如：

a. 主流、气流、冰箱、热水、散文、冰花

b. 密植、游击、腾飞、倾倒、筛选、轻视

a 组为定中关系，即修饰语修饰名词性的中心语。b 组为状中关系，修饰语修饰动词或表动作的中心语。

③ 中补型。后一个词根补充说明前一个词根。例如：

a. 降低、说服、建立、立正、误导、分解

b. 车辆、书本、马匹、枪支、人口、机群

c. 早上、夜里、地下、国外、乡下

a 组合成词，前一个词根表示动作，后一个词根补充说明动作的结果。b 组合成词，前一个词根表示事物，后一个词根表示事物的单位。c 组合成词前一个语素表示时间或处所，后一个语素表示位置或方向。

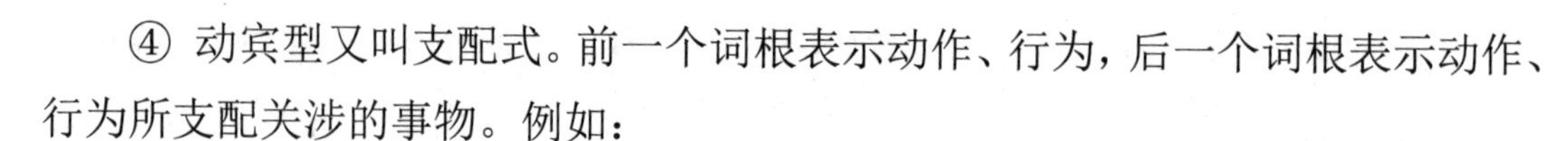

④ 动宾型又叫支配式。前一个词根表示动作、行为，后一个词根表示动作、行为所支配关涉的事物。例如：

司机、管家、司令、站岗、美容、投资

⑤ 主谓型又叫陈述式。前一个词根表示被陈述的事物，后一个词根是陈述前一个词根的。例如：

地震、日食、霜降、海啸、气喘

（2）重叠式。

重叠式合成词由相同的词根语素重叠构成。例如：

弟弟、妹妹、妈妈、刚刚、常常

（3）附加式。

附加式合成词由词根和词缀构成。此类词又叫派生词。词缀在词根前的叫前缀，在词根后的叫后缀。

① 前加式（前缀+词根）。例如：

老——老虎、老乡

小——小张、小常

第——第七、第六

阿——阿姨、阿毛

② 后加式（词根+后缀）。例如：

——子　刀子、瓶子、扳子、本子、胖子

——头　石头、木头、由头、来头、甜头

——儿　鸟儿、歌儿、花儿、尖儿、亮儿

——性　柔性、创造性、充实性、弹性

——者　死者、读者、马克思主义者、艺术工作者

——化　催化、标准化、现代化、智能化、大众化

——于　在于、勇于、敢于

此处，还有由词根和一个叠音后缀组成的三音节合成词。例如：

绿油油（的）、红通通（的）、湿漉漉（的）

在形式上，有的词缀和词根相同，需注意区别。“老虎”的“老”不同于“老人”的“老”，“杯子”的“子”不同于“莲子”的“子”，“创造性”的“性”不同于“男性”的“性”，“绿化”的“化”不同于“变化”的“化”。“老”“阿”

等词缀附加在指人的词根前面，往往带有亲昵或喜爱的感情色彩。词缀“子”“儿”“头”是名词的标志（带“儿”的词有少数例外，如“火儿”“玩儿”“颠儿”等是动词），其他一般动词或形容词加上它们便转为名词。“性”“者”也是构成名词的词缀。“化”是构成动词的词缀。“在于”“勇于”“敢于”等都是动词，这时“于”也是构成动词的词缀。

4.2.3 特殊类型的词

1. 命名实体

命名实体是指文本中具有特定意义的实体，主要包括人名、地名、机构名等。一般来说，命名实体分为三大类（实体类、时间类及数字类）和七小类（人名、机构名、地名、时间、日期、货币及百分比）。命名实体识别与翻译是跨语言信息检索、问答系统、句法分析、机器翻译、面向语义网的元数据标注等应用领域的重要基础工具，在自然语言处理技术走向实用化的过程中占有重要地位。命名实体已大量存在，同时人们每天又在创造新的命名实体，从而形成了一个动态集。

命名实体是文本中承载信息的重要语言单位，实体概念在文本中的引用（也可称为指称项）可以有三种形式：命名性指称、名词性指称和代词性指称。例如，在句子“[中国乒乓球男队主教练][刘国梁]出席了会议，[他]指出了当前工作的重点”中，实体概念“刘国梁”的指称项有三个，其中“中国乒乓球男队主教练”是名词性指称，“刘国梁”是命名性指称，“他”是代词性指称。

在跨语言信息检索中，对命名实体的处理通常包括两部分，即命名实体的识别与翻译。命名实体的识别方法通常包括两部分：一是实体边界识别，二是实体类别（人名、地名、机构名或其他）识别。

2. 方言词

方言词是指在某一地域方言中使用的词语。方言词有广义和狭义之分。广义方言词是特定方言中所有的词和固定用语的总和。狭义方言词是指某个或某些方言中比较特殊的、与共同语不同的词语的汇集，如山东方言的“日头”（太

阳)、“材坏”(残疾)、“蹦跶”(跳动);还有固定用语,如长沙方言的“丽格烂”(情人)、“鼻斗龙”(鼻涕)。汉语各方言的词语有一部分在词形与词义上与普通话是基本相同的,只是语音不同,如风、鱼、书、水、摸、听、坐、大、慢、近、一、三。另外,各方言都有一定数量的词语在词形、词义及语音上与普通话不同,这些方言词可以反映方言的特色。例如,“丈夫的母亲”官话多称“婆婆”,成都话(西南官话)称“老人婆”,吴语苏州话称“阿婆”,温州话称“地家婆”,湘语多称“家娘”,客家梅县话也称“家娘”,赣语南昌话称“婆(子)”,等等。这些能反映方言特色的词语是方言词调查研究的重点。汉语有不同的方言,每一种方言都有属于自己的方言词,从大方言来看,如官话方言词、湘方言词、粤方言词;从小的方言点来看,如兰州方言词、福州方言词、济南方言词、青州方言词。

3. 外来词

外来词也叫“借词”,指的是从外族语言里借来的词。例如,德意志、模特儿、摩托、马达、幽默、浪漫、取缔、哈达等。引进外族有、本族无的词语的方法,不外乎是采用或交叉采用音译、意译和借形三种方法。例如,外语词“science”,汉语没有相当的词,最早曾译为“赛恩思”,这是用汉语的同音字对译外语音节的纯粹音译法,每个字的原意与外来词不相干,从字面上看不出其表达的意义;后来改译成“科学”,这种照外语词的意义用汉语表示相关语素的字来翻译的方法,叫意译法。借用外文字母不进行翻译的方法叫借用法,如 VCD(影音光碟)。纯粹意译构成的新词一般不算外来词,因为是根据外语词所反映的事物或用语的语素按汉语的构词法造出来的。根据外来词的吸收方式和构造,大致可将其分为以下四类。

(1)音译。

按照外语词的声音用汉语的同音字对译过来的,一般叫音译词。其中有纯音译的,例如:

盖世太保(Gestapo,德)、巴士(bus,英)

沙发(sofa,英)、卢布(рубль,俄)

有选用与外语的音节相同而且意义相同或相似的汉字来翻译的,例如:

苦力、逻辑、幽默、模特儿、维他命

（2）半音译半意译或音意兼译。

把一个外语词分成前后两部分，音译一部分，意译一部分，两部分合成一个汉语词。例如，把外语的“romanticism”的前半部分译成“浪漫”，把后半部分意译成“主义”，合成“浪漫主义”。也有反过来先意译后音译的，如“ice-cream”（冰激凌）。

（3）音译前加注汉语语素。

去掉音译词中的一个音节，在其前面加注汉语语素。例如，“的士”（taxi）去掉“士”，在前面分别加注汉语语素“打”“面”“货”，构成“打的”“面的”“货的”。“巴士”（bus）去掉“士”，在前面分别加注汉语语素“大”“中”，构成“大巴”“中巴”。

将外来词音译之后，外加一个表示义类的汉语语素。例如，“卡车”的“卡”是“car”（英语“货车”）的音译，“车”是后加上去的；卡介苗中的“卡介”是法国人 Albert Calmelle 和 Camille Guerin 两人名字的缩略语；沙皇中的“沙”为俄国皇帝的音译；芭蕾舞中的“芭蕾”为法语“ballet”的音译；啤酒中的“啤”为英语“Beer”和德语“Bier”的音译。

在音译词之后加上表示意义类的汉语词也属此类。例如，“丁克家庭”（丁克夫妻），“丁克”（DINK）是英语“double income no kids”的音译缩写，意思是“双倍收入，不要孩子”，“家庭”是后加的汉语词。

（4）借形。

一种是字母式借形词，又叫字母词。直接用外文缩略字母或与汉字组合而成的词，不是音译而是原形借词，是汉语外来词的新形式。例如：

MRI（英语“magnetic resonance imaging”的缩略，磁共振成像）

WTO（英语“World Trade Organization”的缩略，世界贸易组织）

STEM（英语“science、technology、engineering、mathematics”的缩略，科学、技术、工程、数学学科群）

有的在字母后加上汉语相关语素，例如：

B 超（“B 型超声诊断”的简称）

ATM 机（英语“automated teller machine”的缩略，自动柜员机）

有的在音译词前加拉丁字母形状，再加注汉语语素。例如，“T 恤衫”，“T”是字母形状，“恤”是英文单词“shirt”的音译，“衫”是汉语语素。

还有一种是借用日语中的汉字词，是日本人直接借用汉字创造的，汉语将其借回来，不读日语读音，而读汉字音，叫汉字式借形。例如：

景气、引渡、体操、取缔、茶道、俳句、元素、资本、瓦斯、直接、主观

这种现象也少量出现在汉字文化圈的其他国家，如韩国、朝鲜、越南等。

4. 术语

术语也称为“行业语”，指在特定行业或领域内使用的词语。行业语是普通话的一部分，包括专业术语和行业用语。

（1）专业术语。

专业术语指各种学科所用的专门用语。例如：

语言学：主语、动词、生成语法、语料库

物理学：引力、黑洞、流体、激发态

地质学：地层、化石、褶皱、侏罗纪

生物学：基因、细胞、胚胎、脱氧核糖核酸

（2）行业用语。

行业用语指社会中各种行业所用的词语。例如：

战争：游击、空袭、破交战

商业：买手、回扣、挂账、返点

工业：3D打印、仿真、开模、加料

行业用语具有专业性，通常只通行于某个学科或行业范围之内，一般不为非专门人员所熟悉。但随着专业知识的普及，有些行业用语可能逐渐为人们所熟悉，如信息网络用语“死机”“网站”“网址”“版主”“黑客”等。如果行业用语进一步为全民所掌握，就有可能成为通用词语；随着互联网的发展和普及，许多信息网络用语已经为全民熟知并使用。

行业用语在向日常交际渗透的过程中，常常引申出一般的意义。例如：

资本、价值、封顶、滑坡、断层、低谷、高峰、硬件、共鸣、折射、细胞、比重

这些词都已引申出专门意义之外的意义（有时词典并未及时收集和整理）。

5. 黑话

我们可以认为黑话也是一种特殊的术语。例如，2010年7月22日，中国新

闻网刊登一篇题为《抗日名将刘桂五曾参与西安事变 蒋介石为其写挽联》的文章，说："当年追随白凤翔时，刘桂五学到一手'掏老窑'的好身手。"该文解释："所谓掏老窑，是东北绿林土话，就是绑票。"该文又说："此次会面仅半个小时，刘桂五就将蒋本人居住环境及警卫情况熟记于心，用东北绿林土话，此称'踩盘子'。"所谓踩盘子，就是探路的意思。

普通词语有时也会有黑话含义。例如，"做"在《现代汉语词典》（第6版）中列有8个义项：①制造；②写作；③从事某种工作或活动；④举行庆祝或纪念活动；⑤充当，担任；⑥当作；⑦结成（某种关系）；⑧假装出（某种模样）。但是，在影视剧"黑道"人物嘴里，"把他做掉"却是"把他杀掉"的意思，因此"做"实际上还应有一个隐语（黑话）义——杀死。

6. 缩略语

缩略语是经过压缩和省略的词语。为了称说简便，人们常把形式较长的名称或习用的短语化简，成为缩略语。缩略语可分为以下两类。

（1）简称。

简称是较复杂的名称的简化形式，与全称相对。把全称化为简称，大多数是选取名称中有代表性的语素或词，大体有下列六种方式。

① 前后词均取前一个语素。例如：

科学技术——科技　公共关系——公关　苏州大学——苏大

② 前词取一个语素，后词取一个语素。例如：

国防部长——防长　摆脱贫困——脱贫

③ 省略并列词中相同的语素。例如：

中学、小学——中小学　陆军、海军、空军——陆海空军

④ 截取原来名称的前段或后段。例如：

南开大学——南开　中国人民解放军——解放军

⑤ 包含外来词的名称可以只取外来词的头一个音节（字）。例如：

奥林匹克运动会——奥运会　得克萨斯州——得州

⑥ 其他。例如：

国家语言文字工作委员会——国家语委

全国人民代表大会——全国人大

简称本来是全称的临时替代，在正式场合往往要用全称。但是，有些简称长期使用，形式和内容都已固定下来，便转化为一般词汇，全称反而很少使用了。例如，“超市”（超级市场）、“空调”（空气温度调节器）、“教研组”（教学研究组）等。

但是，有的简称简缩不当，往往容易让人产生误解或者让人不知所云。例如，如果把“上海吊车厂”简称为“上吊”，把“人造革”简称“人革”，便不恰当。

近年来，现代汉语借用了许多拉丁字母简称，如“VCD”“CD”“MRI”“MOOC”“WTO”等，有的还在字母前后加上汉字，如“B 超”“维 E”“T 恤衫”“AA 制”等，这些都叫字母词。这是改革开放、科技交流的必然结果。这些语言单位在使用时有它们的方便之处（如“X 光”现在很少写成“爱克斯光”），但对于大多数中国人来说，掌握起来还是有困难的，不了解简缩的根据，只能死记。例如，“LV”“LG”虽是著名的品牌，但很少有人知道其含义，远不如“奔驰”“日立”“三菱”容易为一般中国人接受。

（2）数词略语。

为了使话语简短，使用数字将并列词语的语素或义素概括出来的略语叫数词略语。例如：

百花齐放、百家争鸣——双百

农村、农业、农民——三农

工业现代化、农业现代化、国防现代化、科学技术现代化——四化

还有一些是由共同的义素加上列举的项数构成的，叫义素略语。例如：

酸、甜、苦、辣、咸——五味

金、银、铜、铁、锡——五金

马、牛、羊、鸡、犬、豕——六畜

这类略语古已有之，也可指人，如“竹林七贤”“扬州八怪”等。它不需要共同义素，内容也可改变。例如，20 世纪 60 年代，中国人的“三大件”指自行车、手表、缝纫机，随着人民生活水平的提高，现在它们更多地指代扫地机、洗碗机、投影仪这样的物品。

数词略语称说简便，有可能取得词的资格，这时反而不能用全称代替，如“三好学生”“三峡工程”等，其中的数词略语是不能还原为全称的。但是，数

词略语容易使原来的具体内容落空，数字越大，内容落空的可能性越大，如“十八层地狱”“三教九流”都成了熟语，一般人只了解整体意思，具体指哪些“层”“教”或“流”，并不了解。

4.3 词汇的语法功能：词性

词性也称为词类，指以词的特点作为分类的根据。词类是词的语法性质的分类。相比印欧语，在形态标记比较弱的汉语中，意义和功能起的辅助作用不可忽略。这也是造成汉语词类划分系统复杂（甚至混乱）的原因之一。

我们可以根据不同需要，从不同角度对词进行分类。词类是从语法角度对词所做的分类。根据能不能独立充当句法成分，我们可以将汉语的词类系统至少分成两大类：实词和虚词。

划分词类的目的是说明语句的结构规律和各类词的用法。词分类的依据是词的语法功能、形态和意义。对汉语来说，语法功能是主要依据，形态和意义是参考依据。三者合称为词性。

1. 词的语法功能

词的语法功能，即词的分布功能，主要是指实词在语句里充当句法成分的能力，即词的职位。能充当主语、宾语，就是能居主（主语的位置）、宾（宾语的位置）。实词都能充当句法成分，只是不同类的词会充当不同的句法成分。例如，在句子“坦克开来了”中，“坦克”充当主语，“开来”充当谓语，而虚词“了”等不充当句法成分。

实词的语法功能还指词与词的组合能力，有两种表现：第一，实词与其他实词的组合能力，包括这类实词能不能跟另一类实词组合，用什么方式组合，组合后发生什么关系，等等。例如，“太阳”（名词）不能跟副词“不”组合，“开来”（动词）能跟副词“不”组合。第二，虚词没有充当句法成分的功能，但有依附实词表示语法意义的能力，即与什么实词结合，表示什么语法意义。例如，“的”用在偏正短语里表示修饰和被修饰的关系，“吗”用在句末表示疑问语气。

2. 词的形态

词的形态分两种：一是构形形态，如重叠，“琢磨”重叠为“琢磨琢磨”，“舒服”重叠为“舒舒服服”，这是动词和形容词在形式和语法意义两方面都不同的形态变化。二是构词形态，如加词缀，“凿”这个语素，可单独成为动词，加词缀“子”就构成另一个意义不同的词——“凿子”（名词），后缀“子”就是构成名词的构词形态。

3. 词的意义

词的意义，这里指语法上同类词的概括意义或意义类别，名词表示人或事物的名称，动词表示动作、行为等，形容词表示性质、状态等。例如，“鸡”“鸭”“鱼”等词汇意义各不相同，但可以概括出“事物”的共同意义。

按照汉语语法的传统，可将词粗略分为实词和虚词。现在，人们把功能作为主要依据，认为能够单独充当句法成分，意义实在的词汇，即有词汇意义和语法意义的是实词，不能充当句法成分，只有语法意义的就是虚词。

4.3.1 实词

能够独立充当句法成分的词是实词。根据能与哪些词组合、怎么组合、组合以后形成怎样的关系，可以将实词划分成不同的类别。实词一般包括名词、动词、形容词、区别词、数词、量词、副词、代词、拟声词和叹词。

1. 名词

名词表示人、事物或地点的名称。名词有以下几种。

（1）专有名词（大部分是命名实体）。例如：

老舍、德国、财政部

（2）普通名词。例如：

坦克、同志、画家、教师、猴、橘子、飞机（个体名词）

敌人、人口、群众、物品、羊群（集合名词）

秩序、思想、忏悔、经济、欲望（抽象名词）

风、石、油、声音、沙子、菜（物质名词）

（3）时间名词。例如：

春天、晚上、去年、刚才

（4）处所名词。例如：

岸边、西郊、旁边、外头

河南、贵阳、捷克、亚洲等地名同时属于专属名词和处所名词。

（5）方位名词。例如：

前、后、左、右、之上、以下、以南

2. 动词

动词表示动作、行为、心理活动或存在变化等的词汇。动词有以下几种。

（1）动作动词。例如：

读、跑、看、打击、述说、保卫、惩罚

（2）心理活动动词。例如：

爱、嫉妒、惧怕、沉迷、羡慕、烦躁

（3）存在、变化、消失动词。例如：

在、存在、有、发生、演变、发展、生长、死亡、消失

（4）判断动词。例如：

是

（5）能愿动词。例如：

会、愿意、能、敢、要、应该

（6）趋向动词。例如：

来、去、上、下、进、出、回、开、过去、上来、下去、起来

（7）形式动词。例如：

予以、进行、加以

3. 形容词

形容词表示形状、性质和状态。形容词分为以下两类。

（1）性质形容词。例如：

好、坏、怯懦、勇敢、聪明、笨拙、大、小、高、低、长、短、肥、瘦

（2）状态形容词。例如：

雪白、墨绿、火热、血红、笔直、绿油油、水灵灵、黑不溜秋

4. 区别词

区别词表示人和事物的属性或区别性特征，有区分事物的分类作用。区别词往往是成对或成组的。例如：

男——女　　雄——雌　　单——双　　金——银

西式——中式　　阴性——阳性　　国有——私有　　有期——无期

宏观——中观——微观　　民用——军用——警用

大型——中型——小型—微型

5. 数词

数词表示数目或次序，分为基数词和序数词。

（1）基数词。

基数词表示数目的多少，可分为系数词（零或0、一至九）和位数词（十、百、千、万、亿、万亿、兆）。两种基数可以组成复合数词，如七百五十二、四十九等。基数词可以组成表示倍数、小数、分数、概数的短语。

① 倍数由基数加“倍”组成。例如：

一倍、十倍、百倍

② 小数。例如：

零点五（0.5）、三点一四（3.14）

③ 分数用“X成”“X分”等固定格式表示。例如：

八成、百分之八十、十分之八

数目减少可用分数表示，不用倍数。

④ 概数有几种表示方法。将“来”“把”“左右”“上下”放在数词或数量短语的后面。例如：

十来个人、四十来吨重、二十来里地、百把条枪、千多辆坦克、十多丈长、一千左右、五里来地、三个多星期、五十米左右、三百斤上下、里把路、丈把长、千把人、万把块砖

相邻两个基数词连用也表示概数。例如：

一两个、三四条、五六斤

（2）序数词。

序数词表示次序前后。一般是在基数前加前缀“第”或“初”组成。例如：

第一、初一、初五

有时可用“甲”“乙”“丙”“丁或“子”“丑”“寅”“卯”等表示序数。

6. 量词

量词表示计算单位，可分为名量词和动量词两大类。名量词表示人和事物的计算单位。例如：

一个人

动量词表示动作次数和发生的时间总量。例如：

看三次、看三天

由两三个不同的量词复合而成的词，叫复合量词。例如，“人次”表示活动的若干次人数的总和。10 个人参观一次是 10 人次，两个人参观 5 次也是 10 人次。“吨海里”表示运输量中的重量和里程的乘积。“支援车船 150 辆艘次”中的“辆艘次”，表示出动若干次车和船的总和。

7. 副词

副词限制、修饰动词和形容词，表示程度、范围、时间等意义，分以下 8 种。

（1）表示程度。例如：

很、最、极、挺、太、非常、十分、极其、格外、分外、更、更加、越、越发、有点儿、稍、稍微、略微、几乎、过于、尤其、倍加、不大、比较、差不多

（2）表示范围。例如：

都、大都、均、总、共、总共、统共、只、仅仅、单、净、光、一齐、一概、一律、单单、不单、就、全、通通、皆

（3）表示时间、频率。例如：

已、已经、曾、曾经、刚、刚刚、正、在、正在、将、将要、就、就要、马上、立刻、顿时、终于、常、常常、时常、时时、往往、渐渐、早晚、一向、向来、总是、始终、永、赶紧、仍然、还是、屡次、依然、重新、还、再、每

每、偶尔

（4）表示处所。例如：

四处、随处

（5）表示肯定、否定。例如：

必、必须、必定、准、的确、不、不必、没有、没、未、未必、莫、勿、是、是否、不必、不用（甭）、不曾、未曾、未尝、无须、毋庸

（6）表示方式、情态。例如：

大肆、肆意、特意、猛然、忽然、公然、连忙、赶紧、悄悄、暗暗、大力、稳、阔步、单独

（7）表示语气。例如：

难道、岂、究竟、偏偏、索性、简直、就、可、也许、难怪、大约、幸而、幸亏、反倒、反正、果然、居然、竟然、必然、必须、确实、何尝、何必、明明、恰恰、未免、只好、不妨、根本

（8）表示关联。例如：

便、也、又、却、再、就

同一小类的词，语义和用法不一定都相同，有的差别还相当大。例如，“都”“只”都表示范围，但“都”表示总括全部，一般是总括它前面的词语，而“只”表示限制，限制它后面的词语的范围。例如，“他们都只睡了四个小时。”这句话的“都”，所指向的对象是前面的“他们”，而“只”所指向的是后面的“四个小时”。“不”“没有”“别”都表示否定，而语义和用法也不相同。“去不？不去”的“不”，否定动作或性状的将要发生（未然），表明说话人不愿意或不能去。“没有”否定动作或性状的已经发生（已然），例如，“去了没有？没（有）去”是对“去了”的否定，表明这种行为没有成为事实；“别去”的“别”表示禁止或劝阻，表明说话人不希望对方有某种行为。

同一个词形也可能属于不同的小类。以“就”为例，“春天很快就到了”，表示事情短期内即将发生；“他十五岁就去了延安”，表示事情早已发生；“学了就用”，表示后一事紧接着前一事发生，相当于“立刻”；“老虎屁股摸不得，我就要摸”，表示与前一情况相反的做法，带有一种故意的语气，相当于“偏”；“我就有一个名字”，表示范围，相当于“只”。一个副词究竟表示什么意思，往往需要结合全句语境仔细体会。

8. 代词

代词能起代替和指示的作用。它跟所代替、所指示的语言单位的语法功能大致相当，也就是说，所代替的词语能充当什么句法成分，代词就充当什么成分。按语法功能划分，代词可以分为代名词、代谓词、代数词、代副词。

代名词的功能与名词大体相同。代名词分为四种：一般代词，包括人称代词、指示代词、疑问代词；处所代词；时间代词；数量代词。代谓词的功能与谓词大体相当，如“怎么”“这样”“那样”等。代数词的功能与数词大体相当，如“多少”“几”。代副词的功能与副词大体相同，如“这么”“那么”。以下重点讲述一般代词。

（1）人称代词。

人称代词可以分为第一人称代词、第二人称代词、第三人称代词和其他代词。第一人称代词指说话人一方，其中，“我们”和“咱们”的用法有别。“咱们包括说话人和听话人双方，称为包括式用法，用于口语；“我们”和“咱们”在同一场合出现时，“我们”只包括说话人一方的群体，排除听话人一方，称为排除式用法。例如，“我们走了，咱们再见吧”，其中“我们”是排除式，“咱们”是包括式。谈话或文章里只用“我们”时，它既可以用于排除式，也可以用于包括式。例如：“我们都是大学生，就该有大学生的风貌”（包括式）；“你快出发吧，我们也要回去了”（排除式）。

第二人称代词“你”“你们”指听话人一方。敬称用“您”，如果用于不止一人的场合，书面语中可以出现“您们”的说法，但口语中一般用“您几位”“您诸位”。

第三人称代词“他”“他们”指对话双方以外的第三方，还可以称代事物，书面上为了分清人的性别和事物，称代男性用“他”，称代女性用“她”，称代事物用“它”。如果指称有男有女的一群，则一概用“他们”，不应写成“他（她）们”。“它”一般用来称代个体事物，也可以用来称代事物群体。同时指称人和事物时，使用“他们”，不必写成“他（它）们”。

一些人称代词，如“你”“我”等，有时不确指哪一个人，而用于虚指，例如：“大家你看看我，我看看你，最后谁都没言语。”

反身代词“自己”“自个儿”，用来复指前面的名词或代词，例如：“他自己

吃，从不招呼别人。”反身代词甚至可以泛指任何一个，例如：“自己的事自己做。”“别人”“人家”是跟“自己”相对的，泛指对话双方以外的人，例如：“不遵守交通规则，会威胁自己的安全，也会威胁别人。”“人家”有时具体指第三个人，例如：“人家是杰出青年，咱哪行啊？”“人家”有时也指说话人自己，例如：“你少加点儿班行不行，人家比不上啊！”“大家”指一定范围内所有的人，也常常用于复指，例如：“大家的事大家做主！”“你们大家都吃嘛！”。

（2）指示代词。

指示代词用来指代人，也用来指代事物。“这”为近指，“那”为远指。“这”“那”等有指示和代替的作用。指示作用，例如：“这孩子（那放羊的）刚过来。”代替作用，例如：“这可是最好的瞄准手。”有时“这”“那”对举着用，指代众多的人或事物，这是虚指用法，即不确指任何事物，例如：“你这不吃，那不吃，怎么长大个儿？”

“每”“各”“某”“另”等指示代词，各有不同的含义。“每”“各”是分指，指全体中的任何个体：“每”侧重于个体的相同一面；“各”侧重于不同一面。例如：“每人都有使用母语的权利。”“各人有各人的难处。”“某”是不定指；“另”是旁指，指所说范围之外的。“某”“另”两个词都是指不确定的人或事物。例如：“我们中间某个队员掉队了，另一个会马上把他找回来。”

（3）疑问代词。

疑问代词的主要用途是表示有疑而问（询问）或无疑而问（反问、设问）。疑问代词“哪”（nǎ）和指示代词“那”（nà）以前都写作“那”，容易相混。“哪”表疑问，不确指，要求在所指代的人或事物中选定；指示代词“那”一般所指是确定的。例如，比较下面两个句子：

你找哪一家？

你找那一家。

“哪里，哪里”，两个“哪里”连着用可以表示否定，不表示问处所。在别人夸奖自己时用它比用“不，不”委婉一些。疑问代词可不表疑，引申为任指和虚指两种用法。

① 任指，表示任何人或任何事物，说明在所说的范围内没有例外。例如：

谁也不知道他在干什么。（谁=任何人）

这孩子，什么都好，就是不好好吃饭。（什么=任何方面）

怎么哪儿都有你呢？（哪儿=任何地方）

他多会儿都忘不了打游戏。（多会儿=任何时候）

爱怎么办就怎么办呗。[怎么（办）=用任何方式（办）]

表示任指的代词后面常出现“都”“也”等副词，表示周遍性。

② 虚指，指代不能肯定的人或事物，包括不知道、说不出或不想说出的。例如：

我好像在哪儿见过这个人。（哪儿=某个地方）

9. 拟声词

拟声词是模拟声音的词，又叫“象声词”。例如：

咣、啪、叮当、哗啦、叽叽喳喳、轰隆隆、噼里啪啦、叽里咕噜

拟声词描摹声音时，给人一种如闻其声的音响效果。它有修辞作用，能使语言具体、形象，给人以身临其境的真实感。拟声词经常在口语和文学作品中使用。

拟声词可以充当状语、定语、谓语、补语、独立语等，也可以单独成句。拟声词充当状语最常见，有时要后加“地”，有时后加“一声”。例如：

窗外啪地响了一声。

北风呼呼叫，大雪纷纷飘。

有人把拟声词划为虚词，但拟声词能充当句法成分和独立成句，虚词不能这样用。从前曾有人把它归入形容词，因其与形容词有相似的功能，但不受程度副词修饰，又能充当独立语或独立成句，意义上也与形容词差别大。所以，拟声词是比较特殊的一类实词。

10. 叹词

叹词是表示感叹和呼唤、应答的词。例如：

唉、啊、哼、哦、哎哟、喂、嗯

咦，她怎么就走了呢！

哎，哎，赶紧过来量体温！

哎呀，什么风把您老吹来了？

叹词的写法不十分固定，同一声音，往往可以用不同的汉字表示，写作时

要尽量采用通行的写法。

“啊”读不同的声调，便是不同的叹词，表示不同的意义。例如：

啊（ā）！真好哇！（表示赞叹）

啊（á）！这么快呀？（表示惊讶或不知道）

啊（ǎ）！这么回事啊！（表示特别惊讶兼醒悟）

啊（à）！好吧。（表示应诺或知道了）

叹词模拟人的感情呼声，拟声词模拟人与自然的声响，两者有共同的意义和功能，可以合称“声词”。它们的写法和意义都不很固定，是实词里的特类。

4.3.2 虚词

不能独立充当句法成分的词，只有语法意义的词是虚词。

虚词有四个共同的特点：一是依附实词或语句，表示语法意义；二是不能单独成句；三是不能单独充当句法成分；四是不能重叠。这些都与虚词无词汇意义有关。

在表示不同的语法意义时，汉语的实词一般不用变化形态，虚词成为表示语法意义的主要手段。虚词是个封闭类，每类词数目有限，但使用频率很高。例如，与助词“的”同类的虚词有共性，又有个性。很多虚词还往往有不止一种语法意义，学习时须逐个记住它们的个性和共性。要分辨相似、易混的虚词的细微差异，可通过对近义虚词在例句中的比较来了解虚词的意义。下面谈介词、连词、助词、语气词的词类特征和用法。

1. 介词

介词依附在实词或短语前面，共同构成“介词短语”，主要用于修饰、补充谓词性词语。介词常常充当语义成分（格）的标记，标明跟动作、性状有关的时间、处所、方式、原因、目的、施事、受事、对象等。

（1）表示时间、处所、方向。例如：

从、自、自从、打、到、往、在、由、向、于、至、趁、当、沿着、顺着

（2）表示依据、方式、方法、工具、比较。例如：

按、遵照、按照、依照、据、根据、靠、本着、用、通过、拿、比

（3）表示原因、目的。例如：

因、因为、由于、为、为了、为着

（4）表示施事、受事。例如：

被、给、让、叫、归、由、把（将）、管

（5）表示关涉对象。例如：

对、对于、关于、跟、和、同、给、替、向、除了

介词短语常充当状语，少数可以充当定语。例如：

[从演唱会现场]拍摄的照片。（表示处所）

[为养家糊口]而常常加班。（表示目的）

[用幽默的演讲]逗乐了听众。（表示工具、方式）

[从凌晨]工作到正午。（表示时间的起点）

[在图书馆]看书。（表示处所）

尼罗河发源于[维多利亚湖]。（表示处所）

[关于治安整肃运动]的通知。（表示有关事物）

介词大都是由及物动词虚化而来的，有的完全虚化，如“从”“被”“对于”“关于”等，但不少介词还处于过渡状态。例如：

他比我家境好。（介词）他和我比家境。（动词）

他给我买饭。（介词）他给我一份饭。（动词）

这样的词还有“到”“跟”“由”“拿”“让”“向”“朝”“对”“往”“用”“靠”“通过”“在”等。介词与动词的区别，只能在具体的语境中看“是否单独充当谓语或谓语中心，是否能加动态助词或重叠”，如果能是动词，反之是介词。

2. 连词

连词起连接作用，连接词、短语、分句和句子等，表示并列、选择、递进、转折、条件、因果关系。例如：

和、跟、同、与、及、或（主要连接词、短语）

而、而且、并、并且、或者（连接词语或分句）

不但、不仅、虽然、但是、然而、如果、与其、因为、所以（主要连接复句中的分句）

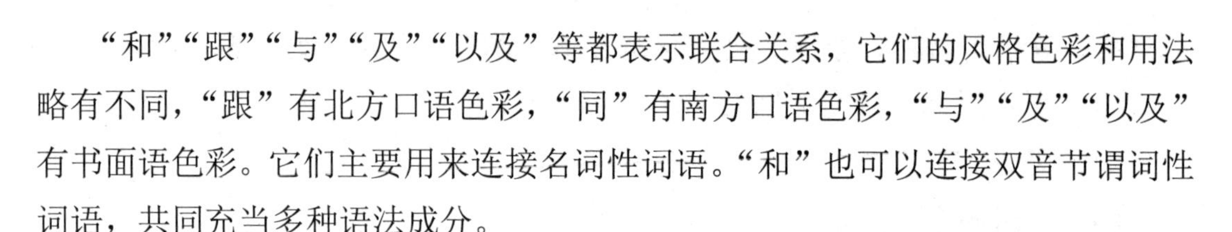

“和”“跟”“与”“及”“以及”等都表示联合关系，它们的风格色彩和用法略有不同，“跟”有北方口语色彩，“同”有南方口语色彩，“与”“及”“以及”有书面语色彩。它们主要用来连接名词性词语。“和”也可以连接双音节谓词性词语，共同充当多种语法成分。

“及”只能连接名词性词语。“以及”还可以连接动词性词语，不过这样的联合短语一般不充当谓语，而是充当主语、宾语或定语。这两个词连接的并列成分在意思上常常可以分出主次，次要的、从属的放在后面。有时无所谓主次，前后一样。例如：

a. 资本家总是力图通过军事、政治、法律等显性方法以及无声无息的舆论引导来控制无产阶级。

b. 掌握数据的多少以及是否完整，是成败的关键。

c. 呼吁改革的声音已经广泛触及农民、工人、学生及知识分子。

例 a 所连接的两部分，重点在“以及”的前面部分；例 b、c 中“以及”“及”的前后两部分，从意思上看没有主次之分。

“而且”连接谓词性词语，表示意思更进一层。例如：

博学而且谦虚。

“并”“并且”连接动词性词语或分句，表示并列关系或递进关系。例如：

继承并发展。

牢固掌握并且活学活用。

我不但要如此教导你，并且行动上也这么示范给你看！

有的连词与介词同形，存在划界问题，如“和”“跟”“同”“由于”“因”“因为”等。试以“和”类连词为例：

刘连长和宣传干事要去看望病号。（连词）

团长和团部参谋们商量下一步的行动方案。（介词）

和新来的年轻人相比，他实在显得老气横秋。（介词）

连词“和”与介词“和”的区别：连词“和”连接的两个词语是联合关系，一般可以互换位置，句子的基本意思不变；介词“和”的前后两个名词词语没有直接的语法关系，不能互换位置。介词“和”前面可以出现状语，连词“和”前面不能出现状语。连词“和”有的可以略去，介词“和”不能略去或改用顿号。

为了准确地表达思想，避免歧义，在公文用语中，用“和”做连词，用“同”做介词。例如：

我国根据平等、互利、互相尊重主权和领土完整的原则同其他国家建立和发展外交关系。

3. 助词

助词的作用是附着在实词、短语或句子后面表示结构关系或动态等语法意义。助词可以分为以下几类：

（1）结构助词。例如：

的（威武的坦克）、地（坦克快速地行进）、得（坦克开得快）、之（世纪之交）、者（荣获一等功者）

（2）动态助词。例如：

着（坦克行进着）、了（坦克抵达了）、过（坦克维修过）

（3）尝试助词。例如：

看（让坦克连打打看？）

（4）时间助词。例如：

的（六点钟到的靶场）、来着（上午刚擦过炮弹来着）

（5）约数助词。例如：

来（十来米）、把（个把钟头）、多（三米多）、左右（五分钟左右）、上下（七十人上下）

（6）比况助词。例如：

似的（刚打过鸡血似的）、一样（和刚吃完饭一样）、（一）般（如下山猛虎一般）

（7）其他助词。例如：

所（为实践所证明）、给（弹药给用光了）、连（连小学生都懂）

助词必须附着在其他词语的后面或前面，凡是后附的（的、着、似的）都读轻声，前附的（所、连）不读轻声。

助词中使用最多的无疑是结构助词。它主要表示附加成分和中心语之间的结构关系。“的”也是绝大多数现代汉语数据中词频排名第一的词。但是，关于“的”，有一些需要注意的地方。助词“de”在习惯上写成三个字：在定语后面

写成“的”，在状语后面写成“地”，在补语前面写成“得”。这样写可以在书面语中成为三种成分的标记。例如：

一位戴眼镜的中年男子默默地眺望远处的景色，一位眉清目秀的女人把啤酒喝得畅快。

“的”还可以用来组成名词性的“的字短语”。例如：

吃的、红色的、彩色的、这样的、先进的、打鱼的。

“的”字短语用在句子里意义很具体，离开了句子，就有比较大的概括性，需要在具体的句子中加以分析。

4. 语气词

语气词的作用在于表示语气，主要用在句子的末尾，也可以用在句中主语、状语的后面有停顿的地方。语气词本身念轻声。下面列出四种语气及其语气词。

（1）陈述语气。例如：

的、了、吧、呢、啊、嘛、呗、罢了（而已）、也罢、也好、啦、嘞、喽、着呢

（2）疑问语气。例如：

吗（么）、呢、吧、啊

（3）祈使语气。例如：

吧、了、啊

（4）感叹语气。例如：

啊

语气词，一是附着在全句后面或句中词语的后面有停顿的地方（附着性），二是常常跟句调一起共同表达语气。有的语气词可以表达多种语气，如“啊”。反之，有的语气可以用多个语气词表达，内部有细微的区别，如陈述语气。

上面列举了许多语气词，普通话里基本的语气词实际上只有六个——的、了、呢、吧、吗、啊。其他语气词，有的用得较少，有的因为语气词连用而产生连读合音的结果，如“啦”是“了啊”的合音。

4.4 词汇的语义

语言蕴含的意义就是语义（semantic）。而语言中所讲的意义，可以进一步理解为符号与可以运用于其上的对象之间的关系。

语义可以大致分为词语的意义（词义）和句子的意义（句义）两大类，而词语的意义实际上是句子的意义的基础。要想正确地理解一个句子的意义，必须知道组成这个句子的每个词语的意义。词语的意义可以包括两方面的内容：一方面是词语的意义是怎样构成的，构成的要素有哪些；另一方面是怎么根据词语的意义的异同来看词语的不同类聚关系。

4.4.1 词义的构成

词语的意义，即词义，表面上看很简单，例如："桌子"就是"一种家具，上有平面，下有支柱，可以在上面放东西或做事情"；"散步"就是"随便走走"。但是，实际上这些意义之中还包含不同的构成要素，需要加以区分。

1. 理性意义和非理性意义

理性意义可以表达人们对主观、客观世界的事物和现象的认识，与概念相关联；非理性意义表达的是人们的主观情感、态度及语体风格等，是附着在特定的理性意义之上的。

（1）词的理性意义。

在日常生活中，人们总是通过词语来表现对主观、客观世界各类事物的认识，这就涉及词语的理性意义。例如，世界上形形色色的坦克型号不下数千种，没有哪两个型号的坦克是一样的，但是不管它们的差异有多大，它们都具有"射击""越野""装甲"等共同特征，正是共同特征使"坦克"这类事物可以与其他事物相互区别。因此，"一种武器，具有直射火力、越野能力和装甲防护力的履带式装甲战斗车辆”可以看作“坦克”的理性意义。词的理性意义可以表现人们对客观世界各类事物和现象的认识，如“天”“地”“猫”“狗”“花”“草”“太阳”“银河系”等词反映的就都是物质世界中的对象。同时，词的理性意义也可以表现人们对主观世界各类事物和现象的认识，如“鬼”“仙女”“嫦娥”等词反映的就都是精神世界中的对象。

（2）词的非理性意义。

词的非理性意义是附着在词的理性意义之上的，又叫作词义的“附加色彩”，主要包括感情色彩、语体色彩和形象色彩三个方面。

词义的感情色彩是指人们在反映现实现象的同时会一并表现出对该现象的主观态度。人们常说的褒义词和贬义词就是带有感情色彩的词语。褒义词带有褒义色彩，表现出人们对词义所反映的对象的肯定、赞许和喜爱的态度；贬义词带有贬义色彩，表现出人们对词义所反映的对象的否定、贬斥和厌恶的态度。当然，还有不带有任何感情色彩的中性词，如“成果”“结果”“后果”三个词的理性意义相近，但所具有的感情色彩不同：“成果”是褒义词，可以说“成果卓著”；“结果”是中性词，可以说“结果很好”，也可以说“结果不好”；“后果”是贬义词，只能说“后果严重”。

词义的语体色彩是指人们在交际中会根据不同的交际环境使用不同的表达形式，从而为词义带来不同的非理性意义。口语和书面语是人们常说的两种最基本的语体。口语语体常见于人们的日常交谈或文学作品中的对话描写等，如果一个词语经常在这些交际环境中出现，就会具有“口语色彩”；书面语体常见于书面写作或比较庄重、正式的交际场合，如果一个词语经常在这些交际环境中出现，就会具有“书面语色彩”。当然，非常多的词语是通用的，既可以用于口语语体，也可以用于书面语语体。关于语体和体裁的问题，本书将在第 6 章进行详细介绍。

词义的形象色彩是指由词内部的组成成分所引起的对事物视觉形象或听觉形象等的联想。例如，同样是描写黄色，“土黄”就会使人联想到土的颜色，“蜡黄”就会使人联想到蜡的颜色，这些词使人联想到具体事物的形象，是词语的形象色彩。又如，我们常用作例子的“坦克”，一些商家把它当作越野车的名字，显得十分恰当。而如果有人将一款电动自行车命名为“坦克”，如果不是哗众取宠或出于幽默的话，就显得十分不恰当了。而造成这种现象的原因，就是词语

的形象色彩。

2. 语素义

词是由语素构成的，由一个语素构成的词叫作单纯词，由两个或两个以上的语素构成的词叫作合成词。语素也是有意义的语言单位，既然词是由语素构成的，那么词义是不是就等于语素义，或者说词义就是语素义的简单相加呢？

对于单纯词来讲，词义就等于语素义。因为单纯词是由一个语素构成的，所以这个语素的意义也就是词的意义。例如，“牛”是一个单纯词，由“牛”这个语素直接构成，那么语素“牛”有什么意义，作为词的“牛”就有什么意义。再如，“巴士”是一个单纯词，由“巴士”这个语素直接构成，那么语素“巴士”有什么意义，作为词的“巴士”就有什么意义。

对于合成词来讲，语素义和词义的关系并非那么简单。这是因为合成词是由两个或两个以上的语素构成的，涉及组合成词的语素之间的关系。合成词大致有以下两种情况。

第一，词义几乎就是语素义的简单相加。例如，“美丽”是一个合成词，由语素“美”和语素“丽”组合而成，语素“美”有“好看”的意思，语素“丽”有“好看”的意思，组合而成的词“美丽”同样有“好看”的意思。再如，“布鞋”是一个合成词，由语素“布”和语素“鞋”组合而成，语素“布”有“布料”的意思，语素“鞋”有“鞋子”的意思，组合而成的“布鞋”就具有“用布料制成的鞋子”的意思。这些都可以看作语素义相加而得到词义的合成词。

第二，词义并不能从其构成语素的意义推导而来。例如，“针线”由语素“针”和语素“线”组合而成，语素“针”和“线”都具有“缝衣服的工具”的意义，但作为一个词，“针线”的意义却是“缝纫刺绣等工作的总称”，而不仅仅是两样“缝衣服的工具”。例如，“勺子”由语素“勺”和语素“子”组合而成，但词“勺子”的意思只是语素“勺”的意思，而与语素“子”无关，“子”在这里是名词性的词缀，只为补足双音节。这些词的意义都不能简单地从语素的意义推导而来。

3. 义项

词典里面每个词语至少有一条解释，有些词语会有好几条解释， 这一条条

对词义的解释就是词语的“义项”。也就是说，义项是一个词语包含的一个或多个意义。如果一个词语只反映一类事物或一个对象，那么这个词语就只有一个义项，如“幼儿园”只有一个义项，即“实施幼儿教育的机构”。如果一个词语反映的对象不止一个，那么这个词语就有多个义项。例如，“学院”有两个义项：一个是“高等学校的一种，以某一学科教育为主，如外交学院、电影学院等”；另一个是“大学中按学科分设的教学行政单位，介于大学和系之间，如文学院、外国语学院等”。

义项既可以包含理性意义，也可以包含非理性意义。义项是从词语的各种用例中概括出来的共同的、一般的、稳定的意义，不包括词语在特定的语言环境里显现的个别的、具体的、临时的意义。例如，“水”在不同的具体语言环境里可以指热水、凉水、开水、茶水、自来水、矿泉水、纯净水等，但这些都是“水”这个词在特定的语言环境中显现出来的个别的、具体的意义，而不是在各种语言环境中都适用的共同意义，因而这些个别意义不能算作“水”的义项。

一个词虽然可能有多个义项，但在特定的交际场合中，每次只能使用其中的一个义项，不可能多个义项同时使用。例如，“吃”有许多义项，其中一个是“食用”，如“吃苹果”；另一个是“吸收”，如“宣纸吃墨”。出现在这两个词组中的“吃”不可能同时包含两个义项。

如果一个词有多个义项，那么这些义项之间应该是有联系的，如果没有联系，则不能看作一个词的多个义项，而应该看作不同的词。例如，前面说的“学院”的两个义项之间是有联系的，都是与高校有关的教学行政单位，只不过是高一级或低一级而已。而像“蘑菇”“制服”这样的词则不同，可以说“我喜欢吃蘑菇”和“他穿着制服”，此处的“蘑菇”“制服”都是名词；但在“你别蘑菇了，时间来不及了”和“制服了敌人”中的“蘑菇”“制服”都是动词。两个“蘑菇”和两个“制服”之间的意思毫无关联，因而它们不能算是一个词，也不能算是同一个“蘑菇”和“制服”的义项，而只能看作两个都读作和写作“蘑菇”和“制服”的不同的词。

4. 义素

词义可以分解为一个一个的义项，义项还可以进一步分解为“义素”。例如，“母亲”的词义是“有子女的女子，是子女的母亲”，那么这个义项可以再分解

为“+女性/+有子女/+长辈”。再如，“灌木”的词义是“矮小而丛生的木本植物”，这个义项可以再分解为“+矮小/+丛生/+木本”。这种由义项分解出来的词义的区别特征就叫作义素。需要注意的是，与语素、词、词组、句子等音义结合的单位不同，义素是一种不与语音形式相联系的抽象的语义单位。例如，“母亲”的义素“女性”“有子女”“长辈”与“母亲”的读音没有任何关系，“灌木”的义素“矮小”“丛生”“木本”与“灌木”的读音也没有任何关系。因此，在语言研究中，义素并不是那么直观的，需要运用一定的方法进行对比分析才能得出。

这种把词语的义项进一步分析为若干义素的方法叫作义素分析。运用义素分析可以说明词义之间的异同，以及词义之间的各种关系。义素分析通常可以按三个步骤来进行。

（1）确定对比的范围。

义素分析的第一步是列出要对比的词语，这组词语在意义上往往是相关联的。例如，“父亲”“母亲”“祖父”“祖母”可以放在一起进行对比分析，因为这些都属于亲属称谓，在词义上有相关性。

（2）比较词义的异同。

确定对比范围后，就要运用对比的方法找出不同词义在语义元素上的共同点和不同点，也就是提取不同词语的共同义素和区别义素。例如，要分析“父亲”“母亲”“祖父”“祖母”的义素，可以先从中提取出共同义素“长辈”，然后比较“父亲、母亲”与“祖父、祖母”，提取出区别义素“有亲生子女”和“有隔代子孙”，再比较“父亲、祖父”与“母亲、祖母”，提取出区别义素“男性”和“女性”。利用这些共同义素和区别义素，不仅可以使这些词的意义互相区别开来，还可以使它们同其他词语区别开来。

（3）整理和描写义素。

找出不同词语的共同义素和区别义素之后，还需要运用一定的方式加以整理，使最后分析结果能准确反映词义之间的联系和区别。义素分析结果的整理工作至少包括两个方面。一是要加进某些符号来表示分析结果。一般在每个义素外加方括号，义素前加“+/−”表示是否具备这个义素。例如，“父亲”的义素就可以写作［+男性+有亲生子女/+长辈］。二是要检查义素分析的结果是否包容而且只包容词义反映的那类对象。一方面是义素分析的结果不能过宽或过窄。

例如，“女人”的义素若分析为［+女性+人］就太宽泛，本来不属于此类的“女孩”也被包括进去了。另一方面是义素分析结果还应力求简明。例如，“女人”的义素分析为［+女性/+成年/+人］就足够了，如果再加上［+体内能产生卵细胞/+会说话/+有思维能力］三个义素，虽不能说有错误，但其中一些是多余的，因为在这三个义素中，前一个已可以从［＋女性］中推知，后两个已可以从［+人］中推知。

义素分析在语义研究中有重要的作用。

首先，义素分析可以清楚、简洁地说明词义的异同，有利于学习、掌握和研究词义。例如，前面提到的对“祖父”“祖母”“父亲”“母亲”的比较就可以用下面例句中的方式加以描写。

祖父:［+男性/+有隔代子孙/+长辈］

祖母:［+女性/+有隔代子孙/+长辈］

父亲:［+男性/+有亲生子女/+长辈］

母亲:［+女性/+有亲生子女/+长辈］

其次，在比较同义词或反义词时，义素分析也可以起到很重要的作用。在下面的例句中，“边疆”和“边境”的词义相近，但有所不同，义素分析可以清楚地把两者的异同揭示出来。

边疆:［+国土/+靠近国界/+范围大］

边境:［+国土/+靠近国界/−范围大］

由此可见，义素分析能够帮助我们较为精确地描写词语的义项，进而描写词语的语义。然而，义素也有很大的局限性：第一，义素在本质上是一个特征集合，而且是开放的，即有哪些、有多少特征是不确定的。第二，不够形式化。在分析“父亲”和“母亲”的语义差异时，“男性”和“男”是同样的义素吗？似乎很模糊。这些局限都给义素分析法投入语言智能应用、自动处理词语的语义带来了挑战。

4.4.2 词义的聚合关系

词义具有一定的系统性，词义之间也存在相互制约、相互规定的关系，由

此可以建立起多义词、同义词、反义词等不同的词义聚合类别。此外，词义的聚合还可以通过“语义场”来观察和分析，语义场也是词义系统性的体现。在语言知识工程中，与词语相关的知识库也参照语义场的理论进行构建。

1. 单义词和多义词

前面说过，有的词语只反映一类事物或一个对象，也就是只有一个义项，这类词可以叫作“单义词”。语汇系统中有不少词是单义词，如科学术语“癌症”“氧气”“射线”“浮力”“纤维化”等，鸟兽、草木、器物的名称也多是单义词，如“计算机”“笔”“墨”“纸”“砚”“哈巴狗”“金鱼”等。我们可以设想所有的词语在刚产生时都是单义的，也就是说，一个词语只对应一个意义。随着语言的发展，词语的用法不断扩大，一个词语表达的意义也就逐渐多了起来，这就形成了多义词。多义词就是反映互相有联系的几类事物或多个对象，包含多个互相联系的义项的词语。多义词在任何语言中都比单义词多得多，用处也更大。

词义由单义向多义发展的原因是十分多样的，但其基础都是事物之间存在的联系。人们在使用词语时就有可能根据客观对象之间的某种联系，用指称甲类对象的词去指称（或比喻）乙类对象，从而产生出与原来的词语意义有联系的新的意义。例如，“抓手”本来指“手可以持握的结构”，由于这一意思与“开展工作的机会”具有一种隐喻上的关系，因此人们便用“抓手”来指称开展工作的机会。隐喻是一种非常重要的语言、认知现象，在认知语言学中对此有非常深入的研究，本书不做深入介绍。显然“抓手”就由单义词发展为了多义词。此外，随着社会的发展和人们认识的深化，有越来越多的意义需要表达出来，而一种语言中的语音形式是有限的，因而用有限的语音形式去表达数量庞大且不断增加的意义，就必然会出现一个语音形式表达多个意义的现象。一些古语如今因难以预测的原因被赋予了新的含义，如“萌”。

既然多义词是由单义词发展而来的，那么在多义词的多个义项之中必然会有一个是“本义”，也就是一个词最初的意义，或者说是这个词最早在文献中出现时的意义。除本义以外，直接或间接从本义衍生出来的其他所有意义都是一个词的“引申义”。例如，“兵”最早在文献中出现时表示的意义是“兵器”“武器”，这是“兵”的本义。“兵”的本义至今还保留在一些成语之中，像“短兵

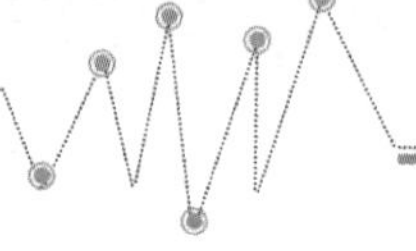

相接”“秣马厉兵”“兵不血刃”等。

我们要特别注意多义词和同音词的区别。多义词的各个义项之间必须是有联系的，也就是说，多义词是一个词语包含多个义项；而同音词则是词形和读音恰好相同而意义上无关联的两个或几个词语。例如，“种花”的“花”与“花钱”的“花”虽然词形和读音相同，但在意义上没有任何联系；前一个“花”是“可供观赏的植物”的意思，后一个“花”是“耗费”的意思。因此这两个“花”应该是同音词，而不是多义词。再如，“打人”的“打”、“打一把刀”的“打”和“打一件毛衣”的“打”虽然意义各不相同，但可以找到千丝万缕的联系。“打人”的“打”是“用手或器具撞击物体”；在制作铁器时往往需要锻打，因此引申出“制造”的意义，即“打一把刀”的“打”；由“制造”又进一步引申出“编织”的意义，即“打一件毛衣”的“打”。如此看来，包含这些意思的“打”应该算作多义词。但是，这里的“打”和表示十二个的量词“打”，显然并不构成多义。虽然如此，但在语言智能的工程实现中，具有相同词形的词语仍然被存储在一起，不同的含义被归纳在一个词条下进行管理。

2. 同义词和反义词

上面说的单义词和多义词是对一个词而言的，如果从多个词的意义之间的相互关系看，又可以把词语分为同义词和反义词。

（1）同义词。

不同的词语表达相同或相近的意义，这些词可以叫作同义词。同义词具有以下一些特点。

第一，同义词中几个词语的词义所概括反映的对象必须相同或者基本相同，如果指称范围不同则不能组成同义词。例如，“脑袋”和“头”指称的是同一部位的身体器官，因此互为同义词；而“身体”则不能与“脑袋”“头”组成同义词，因为“身体”的指称范围更大。

第二，同义词是就特定的语言或方言而言的，不同的语言或方言中表示同一意义的词不能算是同义词。例如，汉语的“苹果”与英语的“apple”可以指称同一类事物，但不可以组成同义词。

第三，同义词实际上不完全是词与词的关系，而是词的义项之间的关系。如果一个词是多义词，那么它的不同义项可能与不同的词构成同义关系。例如，

“拉”是个多义词，“用力使某物朝自己所在的方向或跟着自己移动”这个义项可以与“拉扯”组成同义词；“用车载运”这个义项可以与“载”组成同义词；“牵引乐器的某一部分使乐器发出声音”这个义项可以与“演奏”组成同义词；“联络”这个义项可以与“拉拢”组成同义词。

（2）反义词。

表达相反意义的不同词语可以叫作反义词。例如，汉语里“好—坏”“黑—白”“高兴—悲伤”等，英语里的“right（对）—wrong（错）”“big（大）—small（小）”“long（长）—short（短）”等，各自组成一组反义词。

反义词具有以下一些特点。

第一，能够构成反义关系的词语应该属于同一类事物，也就是说要具有共同的意义领域。例如，汉语的“高”和“低”都是就位置而言的，“多”和“少”都是就数量而言的。这些词语之所以能构成反义关系，正是因为彼此同属于一个意义领域。相比之下，汉语的“多”和“小”、“高”和“少”就不能构成反义词，因为它们不具有共同的意义领域。

第二，反义词是以词语的理性意义为基础的，仅仅非理性意义上的对立不能构成反义词。例如，前面提到的“成果”和“后果”、“团结”和“勾结”，虽然在感情色彩上有褒义和贬义的对立，但理性意义基本相同，因此只能是一对近义词，而非反义词。

第三，反义词实际上是词的义项之间的对立。如果一个词是多义词，那么就可能在不同的义项上分别与不同的词形成反义词。例如，“快”是一个多义词，“速度高”这个义项可以和“慢”构成反义关系，“锋利”这个义项可以和“钝”构成反义关系。另外，因为词语搭配习惯不同，即使同一个词的同一个义项在不同的语境之中可能与不同的词形成反义关系。例如，“热”的一个常用义项是“温度高”，这个义项可以和“凉”构成反义词；同时这个义项还可以和“冷”构成反义词。

3. 语义场

“场”（field）原本是物理学中的概念，指由某些相互关联和相互作用的物质构成的一个范围，如电场、磁场、引力场等。语言学家把“场”引入语义学中，形成“语义场”的概念，指的就是由一组在意义上有密切联系的词语构成的集合。

同一个语义场中的词语所具有的共同意义可以看作它们的上位意义或类属意义。例如，“猫”“狗”“猪”“羊”等具有的共同意义就是“动物”，因此“动物”可以看作“猫”“狗”“猪”“羊”等的上位意义或类属意义，或者说“动物”对于“猫”“狗”“猪”“羊”等是“上位词”，而“猫”“狗”“猪”“羊”等对于“动物”是“下位词”。对于同一个上位词，它所有的下位词就可以构成一个语义场。例如，“坦克”“导弹”“战斗机”“驱逐舰”等可以构成“武器”这样一个语义场，“包子”“饺子”“锅贴”“馄饨”等可以构成“食品”这样一个语义场。当然，事物本身的分类是有层次的，分为上位概念和下位概念，因而反映事物类别的语义场之间也就有上下层次，若干较小的语义场可以集合成较大的语义场，若干较大的语义场又可以集合成更大的语义场。例如，“坦克”“装甲车”“自行火炮”等可以构成一个“陆军武器”语义场，“驱逐舰”“护卫舰”“巡洋舰”“航空母舰”等可以构成一个“海军武器”语义场，“战斗机”“侦察机”“轰炸机”“加油机”等可以构成一个“空军武器”语义场。“陆军武器”“海军武器”“空军武器”又可以构成“武器”这样一个更大的语义场。

语义场都具有系统性，只不过有些语义场的系统性强一些，有些语义场的系统性弱一些。例如，表示季节的语义场包括“春季”“夏季”“秋季”“冬季”等词语，这是一个相对恒定与封闭的语义场，这种语义场的系统性较强，其内部成员的意义不能随意变化，成员的数量也不能随意增减，即使热带不分四季而分成“旱季”“雨季”，其所指范围也要随之调整，而不能随意增加两个季节。但是，网络语义场包括“论坛”“博客”“微博”“版主”等词语，这类语义场相对开放，随着社会及科技的发展，相关的新词语会不断涌现，该语义场就会不断增添新成员。

4.4.3 词典和词语的释义

说到词义，人们自然就会想到解释词义的词典。人们在日常生活中能够

接触到各种各样的词典，但词典的类型不同，词典对词语的释义方式也就多种多样。

1. 词典的类型

词典的一个大类是百科词典。其中有一种是综合性百科词典，也称百科全书。这种词典详细解释各学科和各方面的术语性词语。我国明代永乐年间编成的《永乐大典》被认为是世界上第一部综合性百科词典。《中国大百科全书》在1978年开始编辑，在1993年正式出版，共74卷。世界上著名的百科词典还有《不列颠百科全书》《美国百科全书》《科利尔百科全书》等。还有一种是专科性百科词典，也称学科百科词典。这种词典收集解释某一学科的术语性词语，例如《语言学词典》《经济学词典》《化学词典》《建筑与建筑工程词典》，以及各种人名、地名词典等。

词典的另一个大类是语文词典。语文词典是收集并解释语言词语的词典，这类词典用于说明词语的读音、书写形式、意义、用法等。单语的语文词典解释一种语言的词语，如《现代汉语词典》；双语的语文词典是用一种语言解释另一种语言的词典，如《英汉词典》。单语语文词典又有历史语文词典和现代语文词典之分。历史语文词典是收集古代词语、说明词语发展来源的词典，如《汉语大词典》《汉语大字典》《辞源》等。

汉语除了词典还有以字为释义单位的字典。字典解释汉字的形体、读音和意义等。在古代汉语中，单音节词占大多数，因此字典也起着词典的作用。我国古代著名的字典有东汉许慎的《说文解字》、明代梅膺祚的《字汇》、清代的《康熙字典》及近代编纂的《中华大字典》。《新华字典》虽然也叫字典，但同时收入了不少多音节词，已经突破了字典的局限，几乎就是词典了。

2. 词典的释义

词典很重要的内容就是解释词语的意义。词典最常用的词语释义方法有以下几种。

（1）利用近义词释义。

有些词语可以利用与其同义或近义的词语来解释，尤其一些古语词、方言词、外来词、非常用词等，常常使用同义或近义的今语词、普通话词、汉语固有词、常用词等来解释。例如：

a. 杲（古语词）：明亮。　　b. 旮旯（方言词）：角落。

c. 布拉吉（外来词）：连衣裙。　　d. 清癯（非常用词）：清瘦。

（2）用反义词或否定形式释义。

有些表示性质状态的词语常常会利用反义词或有关词语的否定形式来解释。例如：

a. 虚浮：不切实；不踏实。　　b. 费解：不好懂。

c. 委顿：没有精神。　　d. 乱腾：不安静，没有秩序。

（3）分别解释构词语素的意义。

前面提到过，有些词由多个语素构成，而且词义是语素义的简单相加，这类词语就可以通过分别解释语素的意义来解释词义。例如：

a. 详密：详细周密。　　b. 口传：口头传授。

c. 耗资：耗费资财。　　d. 清淡：清淡的香味。

（4）定义式释义。

如果需要解释的词是指称动物、植物、矿物、器械、器具及社会现象、自然现象等的名词，可以利用上下位概念系统，将要解释的词放在适当的上位概念中，再对表述上位概念的词语加以限制，这种释义方法就是定义式释义。例如：

a. 烈马：性情暴烈，不容易驾驭的马。

b. 例题：说明某一定理或定律时用来做例子的问题。

c. 讲义：为讲课而编写的教材。

通过对词典释义形式的学习，我们很容易发现词典释义的一个潜在问题，即循环解释。A 是 B 的释义，而 B 也出现在对 A 的解释中。这是自然语言难以规避的尴尬，即每个词只能由另一个或几个词来解释。优秀的词典编纂工作可以在很大程度上降低循环解释出现的范围和概率，但完全消除是很难的。如何用形式化的方法，用非自然语言的方式，较好地为每个词给出合适的定义，是语言智能在语义计算中的前沿理论问题。而自动或半自动地发现循环解释、不良解释则是极具应用价值的工程问题。

4.5 词语数据资源

随着汉语计算语言学对大规模语言知识本体的需求日益迫切，一批有影响的词语数据资源成果陆续问世。这些资源以各具特色的汉语理论作为背景，以知识工程为方法，对汉语语法和语义知识从各个层面进行刻画，构成了汉语语言学研究的基础资源。

4.5.1 汉语词表资源

词表既是汉语词汇计量研究的对象，又是汉语词汇计量研究的结果，对语言教学与研究、图书情报分类检索、词典编撰和中文信息处理等都有重要的价值。现在简单介绍语言信息处理用词表。

语言信息处理后台一般要有一个一定规模的后台词表，汉语的词汇平面构成了现阶段中文信息主要应用领域（汉字识别、汉语语音识别及合成、全文信息检索及文本自动分类、文本自动校对等）的主要支撑平台。下面介绍几个在中文信息处理界影响较大的词表。

1.《现代汉语频率词典》

北京语言大学语言教学研究所从 1979 年末至 1986 年完成了“现代汉语词汇的统计与分析”专题研究，对 4 类（报刊政论、科普、生活口语、文学作品）语体 179 种 180 万字的语料进行统计，共得到词条 31159 个，其中出现频率在 10 次以上的常用词只有 8000 个，其累计频率占 95%强，其余 23159 个词的累计频率仅占不到 5%。据此编撰的《现代汉语频率词典》是我国第一部有着严格统计学意义的反映词量、词长、词汇分布、词语构成等断代词汇状况的词典，其结果具有较高的客观性和准确性。这项成果对对外汉语教学产生了比较大的影响，国家对外汉语教学领导小组办公室据此确立了《汉语水平词汇与汉字等级大纲》（1992）和《汉语水平等级标准与语法等级大纲》（1995）里的词汇量化标准 8822 个。

2.《现代汉语常用词词频词典》

北京航空航天大学等 11 个单位从 1981 年到 1986 年完成了“现代汉语词频统计”项目。此次词频统计选材 3 亿个汉字，选了从 1919 年到 1982 年的正式出版物，并分四个时期，其统计成果有三个方面：①四个时期十类分科频度表，共 35 个频度表；②四个时期中每一时期的社会科学综合频度表，自然科学综合频度表和社会科学、自然科学综合频度表；③四个时期的综合频度表。这次词频统计是当时规模最大、取材范围最广的一次，统计结果具有一定的代表性。其主要成果体现为刘源主编的《现代汉语常用词词频词典》。但是，该统计也存在不足，例如，收词时没有一个严格的“词”的标准。

3.《信息处理用现代汉语分词词表》

由许嘉璐、傅永和主持的国家社科基金“九五”重大项目“信息处理用现代汉语词汇研究”于 2001 年 3 月通过专家鉴定，其子课题“信息处理用现代汉语分词词表”制定了一个面向信息处理的、具有较强通用性及覆盖能力的现代汉语分词词表，整个词表分为七大分库：普通词库、带字母词库、专名库、常用接续库、成语库、俗语库（以上均针对多字词），以及单字词库。以一个包含 158000 个词的工作初表为基础，将这个表中的每个词置于一个 8 亿个字左右的语料中做词频统计，最后采用“定性＋定量”的处理策略，形成了《信息处理用现代汉语分词词表》。这个词表共收词 92843 个，其中一级常用词 56606 个，二级常用词 36237 个。

4.《现代汉语语法信息词典》

北京大学俞士汶等编写的《现代汉语语法信息词典》是一部供计算机分析与生成汉语句子而使用的机器词典。其收词有以下原则：

（1）规范原则。

符合国家标准《信息处理用现代汉语分词规范》的词语，都属于该词典的

收词范围；不符合分词规范的词语，原则上不予收录。

（2）高频原则。

为了做到收词量一定而词的覆盖面最大，或词的覆盖面足够大而收词量最少，该词典在规范原则的基础上，遵守高频原则，尽量选收使用频率高、适用面广的词语，尽量少收低频词。

（3）稳定原则。

在选收词语时，不仅遵守规范原则、高频原则，而且遵守稳定原则，尽量收录稳定性强的词语，对那些只通行于过去某一时期，而现在已较少使用的词语，即使统计频率较高，一般也不予收录。

（4）词部件原则。

汉语中的词语数目无限多，而构成这些词语的基本部件却是有限的，语法信息词典着重收录可以作为“词部件”的基本构词成分、词和固定短语，对于由这些词部件构成的上级语言单位，如派生词、复合词、重叠形式、自由短语等，尽可能少收，甚至不收。

（5）语法义项原则。

具有同一词形的同形词语，以及兼类词语、语法功能有较大差别的多义词，都作为不同的词语而列入收录范围，这种做法的依据就是语法义项原则，即根据词语的词类及其他语法功能的异同，来建立相应的语法义项，同一个词形具有几个语法义项，就作为几个词语收录。

（6）实用原则。

以规范的现代汉语普通话词语为主，尽量少收古汉语词语、方言词语；增补少量使用频率特别高的自由短语，如“一个”“一下子”“一会儿”“各种”“百分之”“全国”“这种”等；五字以上词语暂不收录，这些词语在大规模的语料中出现的概率非常低；增补中文标点符号。

5. 停用词表

停用词表最早起源于信息检索，卢恩在对信息检索的研究中发现部分词语出现频率很高，但检索效果较差，他率先提出用噪声来表示这些词语，此即停用词的雏形。在随后的研究中，研究者将停用词定义为经常出现在文本中但对信息检索没有帮助的应该消除的词语，即在基于词的检索系统中，停用词是指出现频率较高、没有太大检索意义的词。停用词在文本处理过程中会存在很大的干扰性，不仅携带较少的文本信息，而且在很大程度上影响文本处理效率和精准性。目前，主流的通用中文停用词表有百度停用词表、哈尔滨工业大学停用词表及四川大学停用词表。三个停用词表的基本情况如表 4-2 所示。

表 4-2　三个停用词表的基本情况　（单位：个）

名　称	符号	英文	单字词	两字词	三字词	四字词	其他	共计
百度停用词表	7	547	173	620	29	19	0	1395
四川大学停用词表	0	0	26	663	80	84	6	859
哈尔滨工业大学停用词表	236	0	167	290	23	19	0	750

可以看出，各停用词表的差异较大，百度停用词表包含部分符号、英文及中文停用词，如“able”“一”“不是”等，两字词比例较大；四川大学停用词表包含很多常见俗语及三字词、四字词，如“打开天窗说亮话”“何乐而不为”“换言之”等，单字词数量相对较少；而哈尔滨工业大学停用词表则包含大量的符号，如“*”“△”及“…”等。在三个停用词表中，百度停用词表停用词数量高达 1395 个，包含 547 个英文停用词；而两字词在三个停用词表中比例较高，其中四川大学停用词表包含 663 个两字词，显然是为了能保证最大程度匹配并去除停用词，因为在中文分词的结果中大部分为两字词串。

表 4-3 显示了三个停用词表的重合情况，可以看出，这三个停用词表的单字词、三字词及四字词的重合率很高，基本达到 80%以上，因此三个停用词表的区别主要体现在两字词上。其中百度停用词表和四川大学停用词表两字词数量相近，重合率约为 50%，在两字词上的差异较大；百度停用词表和哈尔滨工业大学停用词表有较高的词语重合度，其主要差异在于哈尔滨工业大学停用词表包含的两字词较少；而这三个停用词表共有的停用词数量有 337 个。

表 4-3　三个停用词表的重合情况　（单位：个）

词表对比	单字词	两字词	三字词	四字词	共　计
百度-四川大学	22	311	23	19	374
百度-哈尔滨工业大学	167	288	22	18	493
四川大学-哈尔滨工业大学	22	276	22	18	338
百度-四川大学-哈尔滨工业大学	22	275	22	18	337

4.5.2 汉语词典资源

词典资源在自然处理和语言学研究中具有重要的用途，是自然语言处理系统赖以建立的重要基础。下面对几个具有代表性的词汇知识库进行简要说明。

1.《大词林》

由哈尔滨工业大学社会计算与信息检索研究中心秦兵教授和刘铭副教授主持研制的《大词林》，是一个自动构建的大规模开放域中文知识库。《大词林》第一版于 2014 年 11 月推出，包含自动挖掘的实体和细粒度的上位概念词，类似一个大规模的汉语词典，其特点在于自动构建、自动扩充，具有细粒度的上下位层次关系。2019 年 8 月推出的《大词林》第二版引入实体的义项和关系、属性数据，将每个实体的义项唯一对应到细粒度的上位词概念路径，让实体的含义更加清晰。

相比传统的开放域实体知识库，《大词林》有以下三个特点。

（1）构建过程不需要领域专家参与，而是基于多信息源自动获取实体类别，并对可能的多个类别进行层次化，从而达到知识库自动构建的效果。

（2）数据规模可以随着互联网中实体词的更新而扩大，很好地解决了以往人工构建的知识库对开放域实体的覆盖程度极为有限的问题。

（3）树状网络，每个实体的义项均能够唯一对应细粒度的上位词概念路径且具有丰富的实体和关系数据，能够更加清晰明确地展示实体的含义。

目前，《大词林》开源了规模达 75 万个的核心实体词，以及这些核心实体词对应的细粒度概念词（共 1.8 万个概念词，300 万个实体-概念元组），还有相关的关系三元组（共 300 万个）。这 75 万个核心实体词列表涵盖常见的人名、地名、物品名等术语。概念词列表则包含细粒度的实体概念信息。借助细粒度的上位概念层次结构和丰富的实体间关系，开源数据能够为人机对话、智能推荐等应用技术提供数据支持。

《大词林》数据格式如下：

• 实体词表, entity.txt

实体名 1

实体名 2

……

- 概念词表, concept.txt

概念词 1

概念词 2

……

- 实体-概念词表, hyper.txt

实体名 1，上位词 1

……

实体名 2，上位词 2

……

- 实体三元组表, triple.txt

实体名 1，关系名 1，实体名 1

实体名 1，关系名 2，实体名 2

……

2. WordNet

WordNet 是由美国普林斯顿大学认知科学实验室乔治·A. 米勒领导的研究组开发的英语机读词汇知识库，是一种传统的词典信息与计算机技术，以及心理语言学的研究成果有机结合的产物。从 1985 年开始，WordNet 作为一个知识工程全面展开，经过近 20 年的发展，已经成为国际上非常有影响力的英语词汇知识资源库。

WordNet 的建立有三个基本前提：一是可分离性假设，语言的词汇成分可以被离析出来并专门针对它加以研究。二是模式假设，一个人不可能掌握他运用一种语言所需的所有词汇，除非他能够利用词义中存在的系统的模式和词义之间的关系。三是广泛性假设，计算语言学如果希望能像人那样处理自然语言，就需要像人那样储存尽可能多的词汇知识。

WordNet 描述的对象包含英语复合词、短语动词、搭配词、成语和单词，其中，单词是最基本的单位。WordNet 并不把词语分解成更小的有意义的单位，

也不包含比词更大的组织单位（如脚本、框架之类的单位）。它把四种开放的词类分别用不同的文件加以处理，因而不包含词语的句法信息内容，包含紧凑短语，如“bad person”，这样的语言成分不作为单个词来加以解释。因此，它既不同于传统的词典，也不同于同义词词典，而是混合了这两种类型的词典。WordNet 有以下主要特点。

（1）传统的词典通过向用户提供关于词语的信息来帮助用户理解那些他们不熟悉的词的概念意义，而且一般的词典都是按照单词拼写的正字法原则组织的。在这一点上，WordNet 与同义词词林相似，它也是以同义词集合作为基本的建构单位组织的，如果用户自己有一个已知的概念，就可以在同义词集合中找到一个适合的词去表达这个概念。与传统的词典相似的是，WordNet 给出了同义词集合的定义和例句，在同义词集合中包含对这些同义词的定义。对一个同义词集合中的不同词，分别用适当的例句加以区分。

（2）与传统词典和同义词词林的区别是，WordNet 不只是用同义词集合的方式罗列概念，同义词集合之间是以一定数量的关系类型相互关联的。这些关系包括同义关系、反义关系、上下位关系、整体与部分关系和继承关系等，其基础语义关系是同义关系。

（3）传统词典一般包括拼写、发音、屈折变化形式、词源、派生形式、词性、定义，以及不同意义的举例说明、同义词和反义词、特殊用法说明、临时用法等，而 WordNet 不包括发音、派生形式、词源、用法说明等，而是尽量使词义之间的关系明晰并易于使用。

（4）在 WordNet 中，大多数同义词集合有说明性的注释，这点与传统词典类似，但一个同义词集合不等于词典中的一个词条。当词条是多义词时，词典就会包含多个解释，而一个同义词集合只包含一个解释。另外，WordNet 中的同义概念并不是指在任何语境中都具有可替换性。

综上所述，WordNet 是一个按语义关系网络组织的巨大词库，多种词汇关系和语义关系被用来表示词汇知识的组织方式。词形式和词义是 WordNet 源文件中可见的两个基本构件，词形式以规范的词形表示，词义以同义词集合表示。词汇关系是两个词形式之间的关系，而语义关系是两个词义之间的关系。

在具体实现时，WordNet 将名词、动词、形容词、副词都组织到同义词集合中，并且进一步根据句法类和其他组织原则分配到不同的源文件中。副词保存在一个文件中，名词和动词根据语义类组织原则分配到不同的文件中，形容词分为两个文件（descriptive 形容词和 relational 形容词）。WordNet 2.0 版包括：114648 个名词、79689 个同义词集合，其中许多是搭配型词；21436 个形容词、18563 个形容词同义词集合；11306 个动词、13508 个动词同义词集合；4669 个副词、3664 个副词同义词集合。

WordNet 主要应用于词义消歧、语义推理和理解等领域。例如，“食堂没地方，我在饭馆里吃了蛋炒饭。”“地方”有三种意思：①地理位置，如“在祖国的各个地方”。②指空间，如“没地方”。③指部分，如“他说的有对的地方”。在 WordNet 中，三个含义在两棵不同的名词集成语义树上，如图 4-2 所示。

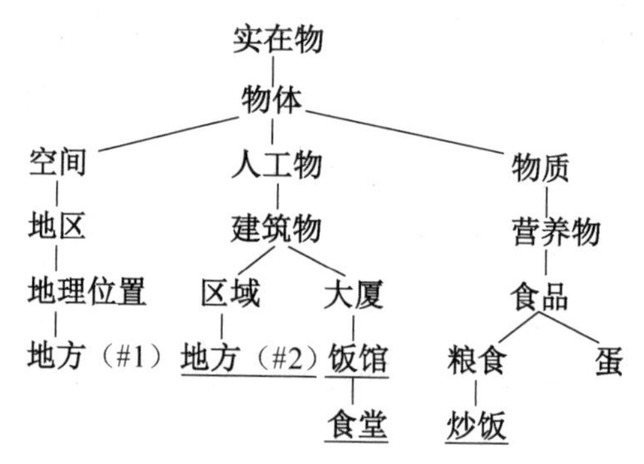

图 4-2　三个含义在两棵不同的名词集成语义树上

3. FrameNet

FrameNet 是基于框架语义学并以语料库为基础建立的在线英语词汇资源库，其目的是通过样本句子的计算机辅助标注和标注结果的自动表格化显示，来验证每个词在每种语义下语义和句法结合的可能性（配价）范围。

在 FrameNet 中，框架是组织词汇语义知识的基本手段。每个词汇单元是由词和对应的一个词义构成的词汇-词义对。在理论上，一个多义词的每个词义属于不同的语义框架。语义框架是类似剧本的概念结构，用于描述一个特定的情形类型、对象、事件和事件参与者及其道具。例如，框架“Apply_heat”描述的是一个涉及烹调［（cook）、食物（food）和加热工具（heating_instrument）］的情形，以及可能引发这一情形的一些词汇，例如，“bake”“blanch”“boil”“broil”“brown”“simmer”“steam”等。这些角色称为框架元素，可能引发框架的词汇在框架 Apply_heat 中为词汇单元。

在最简单的情况下，引发框架的词汇单元是一个动词，框架元素是动词的

句法依存成分。例如：

① [$_{\text{Cook}}$ Matilde] fried [$_{\text{Food}}$ the catfish] [$_{\text{Heating\_instrument}}$ in the heavy iron skillet]

② [$_{\text{Item}}$ Colgate's stock] rose [$_{\text{Difference}}$ \$3.64] [$_{\text{Final\_value}}$ to \$49.94]

词汇单元也可能是事件名词，如在框架“Cause_change_of_scalar_position”中的“reduction；... the reduction [$_{\text{Item}}$ of debt levels] [$_{\text{Value\_2}}$ to \$665 million] [$_{\text{Value\_1}}$ from \$2.6 billion]”。

从学生的角度看，FrameNet 是一部含有 1 万多个词义的词典，大部分词义给出了标注的例子，用于说明其语义和用法。对自然语言处理的研究者来说，FrameNet 是一个标注了 17 万多个句子的训练集，可用于语义角色标注研究。从事 FrameNet 研究的 Berkeley 课题组还定义了 1000 多个语义框架，通过一个框架关系系统将它们连接在一起，为事件和意图行为推理提供了基础。

4. 北京大学综合型语言知识库

北京大学计算语言学研究所（ICL/PKU）俞士汶教授领导建立的综合型语言知识库（CLKB）涵盖词、词组、句子、篇章各单位和词法、句法、语义各层面，从汉语向多语言辐射，从通用领域深入专业领域。CLKB 是目前国际上规模最大且获得广泛认可的汉语语言知识资源，主要包括下列内容。

（1）现代汉语语法信息词典，含 8 万词的 360 万项语法属性描述。

（2）汉语短语结构规则库，含 600 多条语法规则。

（3）现代汉语多级加工语料库，实现词语切分并标注词类的基本标注语料库，包含 1.5 亿字，其中精加工的有 5200 万字，标注义项的有 2800 万字。

（4）多语言概念词典，含 10 万个以同义词集表示的概念。

（5）平行语料库，含对译的英汉句对 100 万个。

（6）多领域术语库，有 35 万个汉英对照术语。

其中，现代汉语语法信息词典（grammatical knowledge base，GKB）是一部面向语言信息处理的大型电子词典，收录 8 万个汉语词语，在依据语法功能（优势）分布完成的词语分类的基础上，又按类描述每个词语的详细语法属性。

GKB 以复杂特征集和合一运算理论为依据，采用“属性-属性值”的形式详细描述词语的句法知识，并利用关系数据库技术将“属性-属性值”的描述形式转换为数据库二维表的字段与值。GKB 对词语的描述如表 4-4 所示。其中，

属性“词语”“词类”“同形”是 GKB 的主关键项。表中的“同形”字段用于对同一词类的同形词（汉字相同）的义项在粗粒度上进行区分。如果某个词的词类不同，且在某个词类中该词形（根据汉字表）记录只有一个，不需要区分“同形”信息，则此字段是空白的；如果某个词在读音和词类均相同的情况下，其义项不同，则其“同形”字段填 1、2、3 等数字对该词加以区分。例如，“保管”一词在粗粒度上有两个含义：一是表示“保存”(如“保管财物”)；二是表示“担保”(如“我保管你及格”)。当某词的“同形”字段填 A、B、C 字母时有两种情况：一是读音不同，如，表中的“挨（ai1)”与“挨（ai2)”；二是词项不同，如表中的“别”。ICL/PKU 在包含 5200 万字的精加工的基本标注语料库的基础上，已经对其中的 2800 万字标注了“同形”信息，并依据《现代汉语语义词典》对 700 万字标注了细粒度的义项，详细说明请见《现代汉语语法信息词典详解》。

表 4-4　GKB 对词语的描述

词　语	词　类	同　形	拼　音	注	……
挨	v	A	ai1	触，碰，靠近	
挨	v	B	ai2	遭受，忍受	
保管	v	1	bao3guan3	保存	
保管	v	2	bao3guan3	担保	
报告	n		bao4gao4	书面文件	
报告	v		bao4gao4	发表讲话	
别	d		bie2	不要	
别	v	A	bie2	分离	
别	v	B	bie2	附着或固定	

现代汉语多级标注语料库（word sense tagging corpus，STC）是 ICL/PKU 在对《人民日报》语料进行词语切分和词性标注，建立的大规模现代汉语基本标注语料库（规模达 6000 万字）的基础上，以《语法信息词典》和《语义词典》为参考，加注不同粒度的词义信息之后形成的。基本标注语料库中的人名、地名及团体机构名等命名实体，都用相应标记进行标识。

根据《北京大学语料库加工规范：切分 • 词性标注 • 注音》，汉语词性标注包括 26 个词类代码：名词（n)、时间词（t)、处所词（s)、方位词（f)、数词（m)、量词（q)、区别词（b)、代词（r)、动词（v)、形容词（a)、状态词（z)、副词（d)、介词（p)、连词（c)、助词（u)、语气词（y)、叹词（e)、拟声词

（o）、成语（i）、习用语（l）、简称（j）、前接成分（h）、后接成分（k）、语素（g）、非语素字（x）、标点符号（w）。

此外，它还包括以下三类子类标记。

（1）专有名词的分类标记。

（2）语素的子类标记。

（3）动词和形容词的特殊用法标记。

子类的标记用两个以上的字母组合表示，合计约 40 个。标记总数达到 105 个。

以下是 STC 中两个标注语料的样例（王萌，2010）。

中国/ns 积极/ad 参与/v [亚太经合/j 组织/n] nt 的/u 活动/vn! 2-1，/w 参加/v 了/u 东盟/ns –/w 中/j 日/j 韩/j 和/c 中国/ns –/w 东盟/ns 首脑/n 非正式/b 会晤/vn。/w 这些/r 外交/n 活动/vn ! 2-1，/w 符合/v 和平/a 与/c 发展/v 的/u 时代/n 主题/n，/w 顺应/v 世界/n 走向/v 多极化/vn 的/u 趋势/n，/w 对于/p 促进/v 国际/n 社会/n 的/u 友好/a 合作/vn 和/c 共同/b 发展/vn 作出/v 了/u 积极/a 的/u 贡献/n。/w

咱们/rr 中国/ns 这么/rz 大{da4}/a 的{de5}/ud 一个/mq 多/a 民族/n 的{de5}/ud 国家/n 如果/c 不/df 团结/a ,/wd 就/d 不/df 可能/vu 发展/v 经济/n ，/wd 人民/n 生活/n 水平/n 也/d 就/d 不/df 可能/vu 得到/v 改善/vn 和{he2}/c 提高/vn。/wj

在第一个样例中，命名实体用中括号“[ ]”标识，多义词“活动”的词义信息也被区别标识出来。在第二个样例中，给出了多音词“大”“的”“和”的拼音。

关于 CLKB 各个子库的详细情况不在这里一一赘述，感兴趣的读者可参阅相关文献。值得说明的是，CLKB 集众多语言学家、计算语言学家和计算机专家智慧之大成，开现代汉语语言知识形式化描述和知识库建设之先河，已成为中国人工智能和中文信息处理研究 50 多年来原创性的代表性成果之一，有力地支持了中文信息处理的理论研究和应用技术开发。CLKB 已产生了巨大的学术影响，并获得了很好的社会效益和一定的经济效益。语料和知识库标注规范及相关论著被广泛引用，CLKB 的签约用户遍布美国、日本、德国、法国、俄罗斯、英国、韩国、瑞典、新加坡等国家，包括从事相关研究的著名企业、大学

和研究所，免费用户数以万计。

5. 知网

知网（HowNet）是机器翻译专家董振东和董强经过十多年的艰苦努力创建的语言知识库，是一个以汉语和英语的词语所代表的概念为描述对象，以揭示概念与概念之间及概念所具有的属性之间的关系为基本内容的常识知识库。

1988 年前后，董振东曾提出以下观点。

（1）自然语言处理系统最终需要强大的知识库支持。

（2）关于什么是知识，尤其关于什么是计算机可处理的知识，他提出：知识是一个系统，是一个包含各种概念与概念之间的关系，以及概念的属性与属性之间的关系的系统。

（3）关于如何建立知识库，他提出应先建立一种可以称为知识系统的常识性知识库，它以通用的概念为描述对象，建立并描述这些概念之间的关系。

（4）关于由谁来建立知识库，他指出知识掌握在千百万人的手中，知识博大精深，靠三五个人甚至三五十人是不可能建立真正意义上的全面的知识库的。他指出，应该由知识工程师设计知识库的框架，并建立常识性知识库原型，在此基础上再向专业性知识库延伸和发展。专业性知识库或称百科性知识库，主要靠专业人员完成。

基于上述观点，董振东提出了知网系统的哲学思想：世界上的一切事物（物质的和精神的）都在特定的时间和空间内不停地运动和变化。它们通常是从一种状态变化到另一种状态，并通常由其属性值的改变来体现。例如，人的生、老、病、死是一生的主要状态，一个人的年龄（属性）一年比一年大{属性值}，随着年龄的增长头发的颜色（属性）变为灰白色{属性值}。另外，一个人随着年龄的增长，他的性格（精神）变得日益成熟{属性值}，他的知识（精神产品）日益丰富{属性值}。基于上述思想，知网的运算和描述的基本单位是万物，包括物质的和精神的两类：部件、属性、时间、空间、属性值及事件。

需要强调的是，部件和属性这两个基本单位在知网的哲学体系中占据非常重要的地位。

关于对部件的认识：每个事物都可能是另一个事物的部件，同时每个事物也可能是另一个事物的整体。一切事物都可以分解为部件，空间可以分解为上、

下、左、右；时间可以分解为过去、现在和未来。知网遵循这样的一种认识：事物的部件在它的整体中的部位和功能的描述大体上比照人体。例如，山头、山腰、桌腿、椅背、河口；建筑物的门和窗比照人体的口和眼睛。

关于对属性的认识：任何事物都一定包含着多种属性，事物之间的异或同是由属性决定的，没有属性就没有事物。属性和它的宿主之间的关系是固定的，有什么样的宿主就有什么样的属性，反之亦然。属性与宿主之间的关系同部件与整体之间的关系是不同的。知网规定，在标注属性时必须标注它可能的宿主类型，标注属性值时必须标注它所指向的属性。

知网作为一个知识系统，是一个名副其实的意义的网络，它着力反映的是概念的共性和个性。例如，对于“医生”和“患者”，“人”是他们的共性。知网在主要特征文件中描述了“人”具有的共性，“医生”的个性就是“医治”的施事，而“患者”的个性是“患病”的经验者。同时，知网还着力反映概念之间和概念的属性之间的各种关系。图 4-3 是“医生”“患者”“医院”等概念之间的关系示意图。

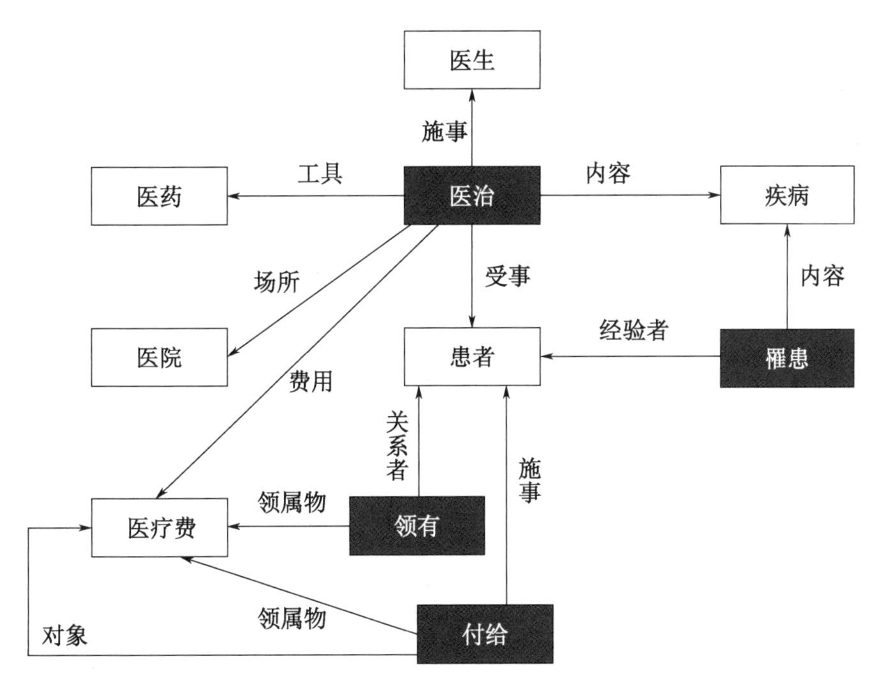

图 4-3 “医生”“患者”“医院”等概念之间的关系示意图

通过对各种关系的标注，知网把这种知识网络系统明确地教给了计算机，进而使知识对计算机而言成为可计算的。

知网定义了以下各种关系：

（1）上下位关系（由概念的主要特征体现）；

（2）同义关系；

（3）反义关系；

（4）对义关系；

（5）部件-整体关系；

（6）属性-宿主关系；

（7）材料-成品关系；

（8）施事/经验者/关系主体-事件关系（如“医生”“雇主”等）；

（9）受事/内容/领属物等-事件关系（如“患者”“雇员”等）；

（10）工具-事件关系（如“手表”“计算机”等）；

（11）场所-事件关系（如“银行”“医院”等）；

（12）时间-事件关系（如“假日”“孕期”等）；

（13）值-属性关系（如“蓝”“慢”等）；

（14）实体-值关系（如“矮子”“傻瓜”等）；

（15）事件-角色关系（如“购物”“盗墓”等）；

（16）相关关系（如“谷物”“煤田”等）。

知网的一个重要特点是：同义、反义、对义等种种关系是借助《同义、反义以及对义组的形成》，由用户自行建立的，而不是逐一地、显性地标注在各个概念之上的。

知网是一个知识系统，而不是一部语义词典。知网用概念与概念之间的关系，以及概念的属性与属性之间的关系形成一个网状的知识系统，这是它与其他树状词汇数据库在本质上的不同。

在知网中，“义原”是一个很重要的概念。至于什么是义原，跟什么是词一样，难以定义，但也跟词一样并不因为它难以定义人们就无法把握和利用它们。大体上说，义原是最基本的、不易再分割意义的最小单位。例如，“人”是一个非常复杂的概念，可以是多种属性的集合体，但也可以把它看作一个义原。知网体系的基本设想是，所有的概念都可以分解成各种各样的义原，同时存在一个有限的义原集合，其中的义原组合成一个无限的概念集合。因此，如果能够把握这一有限的义原集合，并利用它来描述概念之间的关系及属性与属性之间

的关系，就有可能建立我们设想的知识系统。利用中文来寻求这个有限的集合，应该说是条捷径。中文中的字（包括单纯词）是有限的，并且可以用来表达各种各样单纯或复杂的概念，以及表达概念与概念之间、概念的属性与属性之间的关系。

知网采用的方法的一个重要特点是对大约6000个汉字进行考察和分析，来提取这个有限的义原集合。以事件类为例，董振东曾在中文具有事件义原的汉字（单纯词）中提取出3200个义原。例如，可以从以下汉字得到9个义原，但其中两对是重复的，应予合并。

治：医治　管理　处罚

处：处在　处罚　处理

理：处理　整理　理睬

于是，3200个事件义原在初步合并后大约还剩1700个，董振东进一步加以归类，得到大约700多个义原。请注意，到现在为止，完全不涉及多音节词语。然后，董振东用这700多个义原作为标注集去标注多音节词，当发现这700多个义原不符合或不满足要求时，便进行合理调整或适当扩充。这样就形成了今天的800多个事件义原的标注集，以及由它们标注的中文的事件概念。

综上所述，知网建设方法的一个重要特点是采用自下而上的归纳方法。它是通过对全部的基本义原进行观察分析并形成义原的标注集，然后再用更多的概念对标注集进行考核，据此建立完善的标注集。

常识性知识库是知网最基本的数据库，又称为知识词典。知网的主要文件包括知识词典，其有机地构成了一个知识系统。整个知识系统包括下列数据文件和程序：

（1）中英双语知识词典。

（2）知网管理工具。

（3）知网说明文件，包括：动态角色与属性；词类表；同义、反义及义组的形成；事件关系、角色转换和标识符号及说明。

知网的规模主要取决于双语知识词典数据文件的大小。它是在线的，修改和增删都很方便，因此，它的规模是动态的。

在知网的知识词典中，每个词语的概念及其描述形成一个记录。每种语言的每个记录都主要包含4项内容，每项均由两部分组成，中间以“=”分隔，每

个“=”的左侧是数据的域名，右侧是数据的值。它们排列如下：

W_X=词语

G_X=词语词性

E_X=词语例子

DEF=概念定义

知识词典以词语及其概念为基础，在确定词语及其概念时，主要基于以下三个方面的考虑。

（1）在确定知识词典描述的最基本单位“词”时，不追求严格的关于词的定义，不是仅依据某本现成的词典，而是依据基于4亿字汉语语料库、按出现频率形成的词语表，并注意收集已经流行而且有较稳定可能的词语，如“互联网”“欧元”“二噁英”“下载”“点击”“黑客”“恶搞”等，但不盲目求新，如不收“打的”。

（2）词语的概念（或称义项）的选择也是经过精心考虑的，一般很注意某一义项的现代流通性。例如，“曹”在普通词典中至少有两个义项，一个是“姓”，另一个是“辈”，如用于“尔曹”，知识词典只选择第一个义项。

（3）知识词典同时给出了与词语相对应的英文释义，其目的是体认知识词典对概念的描述方法是否也适用于另一种语言。

迄今为止，知网的知识词典主要为那些具有多个义项的词提供使用例子。对这些例子的要求是：强调例子的区别能力，而不是它们的释义能力，它们的用途在于为消除歧义提供可靠的帮助。我们试以“打”的两个义项为例，一个义项是“buy|买”，另一个是“weave|辫编”。在词典中，相应有两个记录：

NO.=00001

W_C=打

G_C=V

E_C=～酱油，～张票，～饭，去～瓶酒，醋～来了

W_E=buy

G_E=V

E_E=

DEF=buy|买

NO.=015492
W_C=打
G_C=V
E_C=～毛衣，～毛裤，～双毛袜子，～草鞋，～一条围巾，～麻绳，～条辫子
W_E=knit
G_E=V
E_B=
DEF=weave|辫编

假设我们要判定“打”在句子“我女儿给我打的那副手套哪去了”的歧义语境中的语义，通过对“手套”与“酱油”等词的语义距离计算，并与“毛衣”等词的语义距离的计算结果相比较，我们就会得到一个正确的歧义判定结果。这种方法的好处至少有两点：第一，多数判定可以避免采用规则的方法，通过统计计算就可以实现。第二，在多数情况下，基本算法可以不依赖具体语言。

综上所述，知网是一个具有丰富内容和严密逻辑的语言知识系统，它作为自然语言处理技术，尤其中文信息处理技术研究和系统开发重要的基础资源，在实际应用中发挥着越来越重要的作用，它可以广泛地应用于词汇语义相似性计算、词汇语义消歧、名词实体识别和文本分类等许多方面。

6. 概念层次网络

概念层次网络（hierarchical network of concepts，HNC）是中国科学院声学研究所黄曾阳建立的面向整个自然语言理解的理论框架。HNC 理论是一个关于语言概念空间的理论，但它只研究这个空间的部分特征，即与自然语言的理解过程有关的特性，这是 HNC 对自身研究范围的基本定位（黄曾阳，2001）。

局部联想脉络是 HNC 理论的基本内容之一，它由五元组、语义网络和概念组合结构组成，它是计算机把握并理解语言概念的基本前提，其基本思路和做法是：把概念分为抽象概念和具体概念，对抽象概念用语义网络和五元组来表

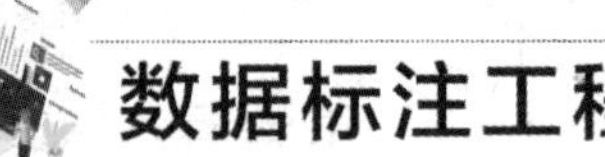

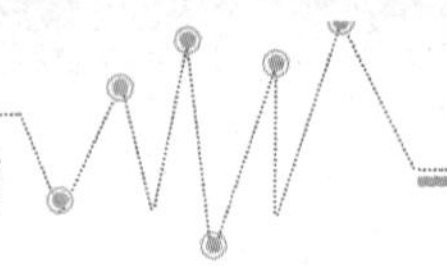

达，对具体概念采取挂靠展开近似表达的方法。

在 HNC 理论中，五元组、语义网络和概念组合结构用来表达抽象概念。五元组是指动态、静态、属性、值、效应五大特性，它们是词性的基元，用以表达概念的外在表现。任何概念都具有五元组特性，例如，英语中词根相同、词性不同的词就体现了同一概念内涵的不同的五元组特性，而汉语中的兼类词只不过是用一个词表达了同一概念内涵的几个五元组特性。语义网络用以表达概念的内涵。语义网络是树状的分层结构，每一层有若干个节点，每个节点代表一个概念基元（而不是词），每一层的若干节点分别用连续的数字标记，网络中的任一节点都可以利用从最高层开始到节点结束的一串数字来唯一确定和表示，这种数字串称为层次符号。节点代表的概念基元用不同方式的组合就可以表达各种各样的、无数的概念，而不受语种限制。概念组合结构用以表达概念基元的组合方式。五元组符号、层次符号和概念组合结构符号组合起来，就构成 HNC 的概念表示式。HNC 用五元组和语义网络分别表达抽象概念的外在表现和内涵，这种表达方式便于描述概念之间的关联性。

HNC 设计了抽象概念的三大语义网络：基本概念语义网络、基元概念语义网络和逻辑概念语义网络。三大语义网络是 HNC 理论的核心，是“概念基元”的聚类和系统，而绝非“词”的分类。语义网络的设计思想有两个主要来源：一是奎廉的语义网络、菲尔墨的格语法和山克的概念从属理论；二是汉语的“字义基元化，词义组合化”现象。第一个来源提出了“语义基元”的杰出思想并暗含着“总体表述”的雄伟目标，第二个来源提供了语义基元的宝贵原料。汉语字少词多，用几千个汉字加以组合就可以构成许多词。几千年来，汉语随着社会的发展而发展，新词不断增加，但组成词语的汉字却很少变化。汉字字义的基元和汉语词义的组合化是一个伟大的宝藏，HNC 语义网络的建立深深发掘了这一宝藏。

HNC 用语义网络表达概念，其首要目标和价值在于给出概念关联性知识和联想脉络的线索，而不是给出概念的精确表示。自然语言理解的中心任务是消解模糊，如同音模糊消解、一词多义模糊消解等，这些模糊的消解统称为多义选一处理。对自然语言词汇的多义选一处理是人类理解自然语言过程中最频繁、最基本的操作。对这一操作过程的形式模拟不在于并行处理或快速计算，而在于以什么巧妙的方式完成大量语义距离的计算。语义网络层次符号的构造方式

把最频繁、最基本的语义距离计算，变成了对层次符号的简单逐层比较。这是HNC用语义网络层次符号表达概念的基本出发点。层次符号是一种灵活的分层结构，它的每一层都代表一个概念，至于这个（些）概念与相应的语言概念之间，究竟谁是谁的近似已无关紧要。重要的是，层次网络符号对概念的局部联想脉络给出了明确的表示。

综上所述，HNC理论创立了基于语义的自然语言表述和处理模式。传统的语言表示和处理模式以语法为基础。语法有狭义与广义之分，狭义语法是指以形态变化和虚词搭配为依托的语言法则，这些法则包含语义信息，而语法学从自身研究的便利出发，曾长期有意脱离语义，自成体系。这种状况直到乔姆斯基的转换生成语法和菲尔墨的格语法出现以后才发生了变化，之后的功能语法继承了乔姆斯基和菲尔墨的传统，这些语法可称为广义语法，包含语义，甚至语用。但是，广义语法虽然融入了语义知识，但并未对语义表述给出完善的理论框架。HNC 从根本上改变了这一状况，“根本”的具体表现就是建立了表述自然语言概念和语句的两套数学表达式（苗传江，1998）。

关于HNC研究的更详细情况，请参阅黄曾阳的专著《HNC（概念层次网络）理论》（清华大学出版社，1998）和张全、萧国政主编的《HNC与语言学研究》（武汉大学出版社，2001），以及晋耀红撰写的《HNC（概念层次网络）语言理解技术及其应用》（科学出版社，2006）等专著。

4.5.3 其他重要汉语词汇语义资源

1. 现代汉语动词大词典

1994年，中国人民大学语言文字研究所林杏光等主编的《人机通用现代汉语动词大词典》出版。该词典将汉语动词与名词性成分的语义搭配概括为一个由22个格组成的格系统，对1000多个汉语常用动词的语义格关系按义项进行了描写。

2. 同义词词林

梅家驹等编著的《同义词词林》是第一部汉语类义词典，共收录7万个汉语词语、词素、词组及成语等。该词典按照语义为主、兼顾词类的分类方法，构建了汉语语义体系，为包括机器翻译在内的多方面的语言学研究提供了基础。

3. 中文命题库

中文命题库（Chinese PropBank）是目前已经正式发布的大规模谓词论元结构标注语料，是在对中文树库（Chinese TreeBank）中充当句子谓语（主要是动词和名词化动词）论元的句法成分进行语义角色标注的基础上形成的。中文命题库是标注了语义角色信息的中文树库，它为语言研究提供了丰富的“词汇语义-句法结构”信息。现阶段中文命题库包含 2448 篇文章，其中有 790 篇报纸新闻、58 篇杂志文章、1207 篇广播新闻、86 篇广播对话和 13 篇网络博客文章，共有 173206 个谓语动词实例。这里先简单介绍中文命题库的论元角色标注集。

中文命题库的标注集实际分为两部分。一部分是动词特有的标号角色 ArgN，由词汇语义资源 FrameFile 分别为每个动词定义；另一部分是通用论元角色 ArgM，可适用于任何动词。

（1）动词特有标号角色——ArgN。

中文命题库采取逐个为每个动词定义论元角色的方法，来确立动词的特有角色。每个动词的特有语义角色都标上了数，取值范围为 0～5，所以称为 ArgN。一个谓词的不同义项有一套不同的语义角色，称为角色集；一个角色集和其对应的语义框架称为框架集；一个多义动词可能有多个框架集，框架集共同构成这个动词的框架文档。框架的标识规范中包含一个说明符域，用于说明每个角色，如“kicker”“instrument”（见例 1）。另外，每一个框架集都要用一些例子来说明，这些例子要尽可能覆盖该用法的各种句法变换。

例 1

Arg0:Kicker

Arg1:Thing kicked

Arg2:Instrument(defaults to foot)

Ex1:［ArgM-DIs But］［Arg0 two big New York banksi］seem［ Arg0 *trace *］to have kicked［Arg1 those chances］［ArgM-DIR away］，［ArgM-TMP for the moment］，［Arg2 with the embarrassing failure of Cit-icorp and Chase Manhatan Corp. to deliver 7.2 bilion in bank? nancing for a leveraged buy-out of United

Airlines parent UAL Corp］.(wsj1619)

Ex2:［Arg0 Johni］tied［Arg0 *trace*i］to kick［Arg0 the football］, but Mary pulled it away at the last moment.

（2）通用论元角色——ArgM。

除角色集中的语义角色外，动词还可以带任何通用的、类附加的论元ArgM。ArgM 基本相当于传统论元理论中的外围论元，在论元结构中通常是充当修饰性的成分，故其标识为 M。与 ArgN 不同的是，只要有需要，它就可以适合任何动词，故无须在每个动词条目下单独定义。另外，因为 ArgM 适合任何动词，各类 ArgM 有比较一致的内涵，不同的 ArgM 根据功能识别来区别，如 ArgM-TMP（时间）、ArgM-LOC（地点）。中文命题库中有 14 个 ArgM，分别是：DIR（Directionals），LOC（Locatives），MNR（Maner Markers），TMP(Temporal markes，EXT(Extent Markers)，REC(Reciprocals)，PRD(Markers of secondary predications)，PNC(Purpose clauses)，CAU(Cause clauses)，DIS(Discourses Mark-ers)，ADV(Adverbials)，MOD(Modals)，NEG(Negation)，STR(Stranded)。

4．名词化谓词命题库

名词化谓词命题库（NomBank）是中文命题库的孪生项目，它和中文命题库标注的是同一批树库。名词化谓词命题库标注的是树库中名词性谓词及其语义角色，分为核心语义角色和附加语义角色，其中核心语义角色有 Arg0～Arg5 6 种。Arg0 通常表示动作的施事；Arg1 通常表示动作的受事；Arg2～Arg5 根据谓词的不同有不同的语义含义。其余的语义角色称为附加语义角色，使用 ArgM 表示。附加语义角色通常含义明确，并不会随谓词的不同而不同。例如，ArgM-LOC 表示事件发生的地点、ArgM-TMP 表示事件发生的时间等。图 4-4 给出了名词化谓词命题库中的标注实例，谓词的语义角色分别对应句法树的某个组块单元。例如，谓词“投资”的两个核心语义角色分别为“外商/Arg0”和“银行/Arg1”；谓词“贷款”同样包含两个核心语义角色，分别为“中国银行/Arg1”和“向外商投资银行/Arg0”。此外，它还包含一个附加语义角色“人民币/ArgM-MNR”，表示贷款的形式。值得注意的是，谓词“贷款”与其 Argl 1 角色“中国银行”之间必须存在某个动词来满足语法上的需要，这个动词“提供”被标记为“Sup”，称为支持性动词。当且仅当某个动词与当前名词性谓词拥有一个或多个相同的角色成分时，该动词才称为当前名词性谓词的支持性动词。例如，在图 4-4 中，因为组块 NP（中国银行）和组块 PP（向外商投资银行）同时担当名词性谓词“贷款”和动词“提供”的语义角色成分，所以动词“提供”被标注为“贷款”的支持性动词。

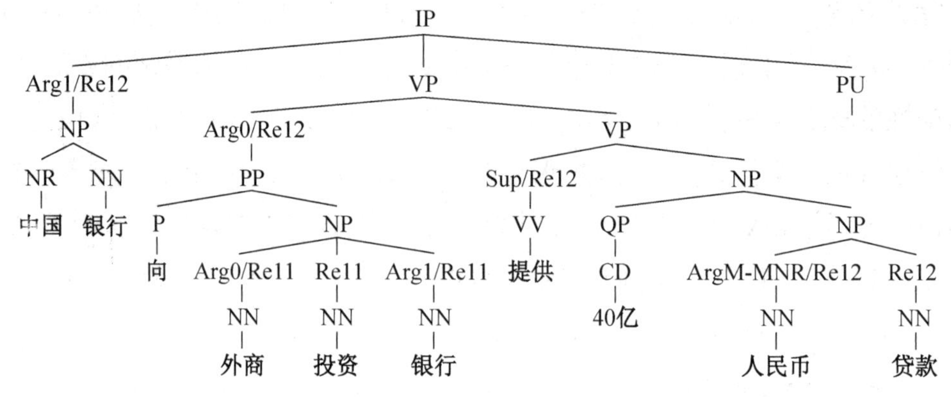

图 4-4　名词性谓词“投资”和“贷款”及其语义角色

第 5 章

句法和句义

在第 4 章，我们介绍了词作为最基本的语言单元，是如何构成并发挥作用的。而词语组合在一起构成的上一级语言单位就是句子。词语之间组合的规律称为句法。通常我们所说的语法也指句法，可见句法在当前是整个语法体系的核心，因而语言智能的重要处理对象也是句法问题和句法现象。为了深入地分析句法现象，人们将组成句子的成分按照功能分为主语、谓语、定语、宾语等部分，按照句子的功能给句子划分类型（句型）。短语结构文法和依存文法则是句法的两种具体表现形式。

然而，句法不是为其本身而存在的，句法是为了表达句子的语义（句义）、规避歧义、提高效率而存在的。语言智能中的句法分析，不论层次深浅，都是为实现对句子语义的理解而存在的。与句法相似，句子的语义又分为语义的角色和它们之间的关系，以及它们的表现形式，如语义依存和意合图。

5.1 句与句处理

句子是语言运用的基本单位，它由词、词组（短语）构成，能表达一个完整的意思，如告诉别人一件事情，提出一个问题，表示要求或者制止，表示某种感慨，表示对一段话的延续或省略。在形式上，句子的结尾应该用句号、问号、省略号或感叹号等标点符号标记。

在语言智能中，句子处理面临的最重要的任务是句法分析和句义分析（也称为语义分析）。

5.1.1 句法分析

句法分析是对输入的文本句子进行分析，以得到句子的句法结构的处理过程。实际上，这一过程是对句子中词语的句法功能进行标记。对句法结构进行分析，一方面是语言理解的自身需求，另一方面为其他自然语言处理任务提供支持，如对文档信息进行精确表示。句义分析通常以句法分析的输出结果作为输入，以获得更多的指示信息。

根据句法结构的表示形式，最常见的句法分析任务可以分为以下三种。

第一，短语结构句法分析，该任务也称为成分句法分析，作用是识别句子中的短语结构及短语之间的层次句法关系。

第二，依存句法分析，作用是识别句子中词汇与词汇之间的相互依存关系，如图 5-1 所示。

第三，深层文法句法分析，即利用深层文法，如词汇化树邻接文法、词汇功能文法、组合范畴文法等，对句子进行深层的句法及语义分析。

在上述几种句法分析任务中，依存句法分析属于浅层句法分析。其实现过程相对简单，比较适合多语言环境下的应用，现在已经有大量多语资源，形成

了跨语言的普适依存句法框架（universal dependency framework）。但是，依存句法分析所能提供的信息相对较少。深层文法句法分析可以提供丰富的句法和句义信息，但采用的文法相对复杂，分析器的运行复杂度较高，这使深层句法分析不适合处理大规模复杂数据。短语结构句法分析介于依存句法分析和深层文法句法分析之间。

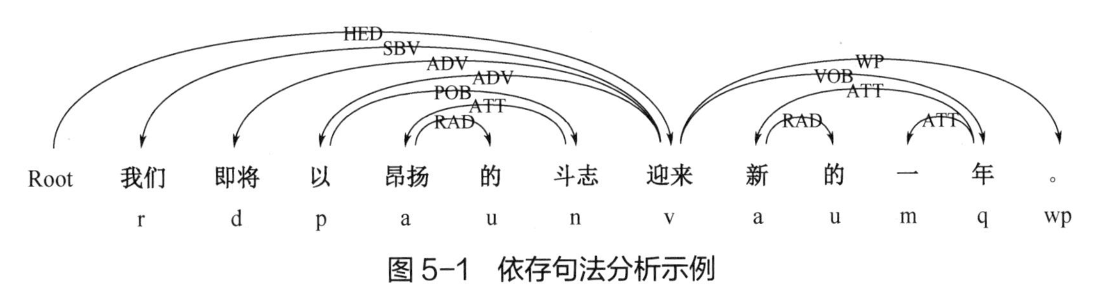

图 5-1　依存句法分析示例

5.1.2 句义分析

句义分析，或者说句子级语义分析，目的是在词级语义分析的基础上获得整个句子的语义表示。它主要包含两个任务：浅层语义分析和深层语义分析。

1. 浅层语义分析

浅层语义分析基本等效于语义角色标注（semantic role labeling，SRL）。语义角色标注主要围绕句子中的谓词来分析各成分及其之间的结构关系，并用语义角色来描述这些结构关系。谓语就是对主语动作状态或特征的陈述或说明，指出“做什么”“是什么”，构成谓语的词称为谓词，如例 1 所示。

例 1

奥巴马	昨晚	在	白宫	发表	了	演说
A0	TMP	LOC		发表		A1

这个句子包括：

① 谓词“发表”。

② 施事“奥巴马”。

③ 受事“演说”。

④ 时间“昨晚”。

⑤ 地点“在白宫”。

施事就是施加动作的人或物，受事则是动作的对象。通过这个例子，我们可以看出，语义角色标注就是把句子中词的语义功能都标记出来，从而实现对句子语义的分析和理解。

2. 深层语义分析

深层语义分析目前主要是指语义依存分析（semantic dependency parsing，SDP）任务。该任务旨在分析句子各个语言单位之间的语义关联，并将语义关联以依存结构（带有箭头的依存弧）的形式呈现，使用语义依存刻画句子的语义。它的好处在于，不需要去抽象词汇本身，而是通过词汇承受的语义框架来描述该词汇，而论元的数目相对词汇来说数量少了很多。语义依存分析的目标是超越句子表层句法结构的束缚，直接获取深层的语义信息。

如图 5-2 所示，三个句子用不同的表达方式表达了同一个语义信息，即张三实施了一个吃的动作，吃的动作是对苹果实施的。我们可以看到三种依存结构都表现为 Root（句子的根节点，每个句子都有）指向“吃”，“吃”指向“张三”和“苹果”。

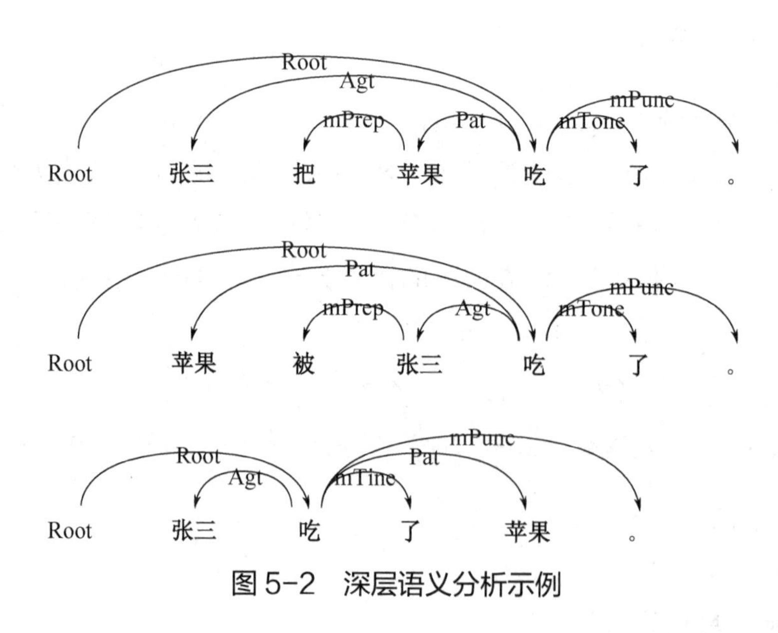

图 5-2 深层语义分析示例

5.2 句子的结构

5.2.1 句法成分

句法成分，或者叫作语法成分，可以通俗地解释为：句子内部根据用法划分出来的结构。当然，这个结构表现在数据层面上，就是一个字符串（句子）的子串。分析语法或句法结构，就是对各种语法成分所起的作用及其关系进行考察。

例如，“我们学习编程语言”。在这句话中，“我们”是陈述的对象，可以叫作主语；“学习编程语言”是陈述主语的，叫作谓语；“学习”是动作，支配“编程语言”，叫作述语；“编程语言”是动作支配的对象，叫作宾语。这样我们就得到了四个语法成分：主语、谓语、述语和宾语。它们是最重要，也是最常见的语法成分。显然，这些术语是用比喻的方式来命名的。这些比喻跟这些成分在句子中所起的作用有关。相对于动作而言，“主语”似乎处于“主人的位置”，“宾语”似乎处于“客人的位置”（“宾”位）。“谓”和“述”都有陈述的意思，谓语是相对于主语的陈述，述语相对于宾语而言（述语还可以相对于补语），它跟宾语一起构成对主语的陈述。

语法成分可以是一个词，也可以是一个短语（词组），如下面有下划线标记的语法成分：

a. <u>新下线的坦克</u>开来了。（做主语）

b. 战士们练习操作<u>新型装甲车</u>。（做宾语）

c. 今年的新兵体质<u>非常好</u>。（做谓语）

d. 战场已经<u>打扫干净了</u>。（做谓语）

以上用下划线标记的部分都是短语，并整体充当语法成分。它们的内部还可以进一步划分出更小的成分。例句 a 主语“新下线的坦克”中，“新下线”修饰“坦克”；例句 b 宾语“新型装甲车”中，“新型”限制“装甲车”；例句 c 谓语“非常好”中，“非常”修饰“好”；例句 d“打扫干净了”中，“打扫”是述语，“干净”是“打扫”的结果。其中，“新下线”“新型”的作用基本相同，在主语和宾语中起修饰限定作用，可以称为定语（“定”本指限定）；“非常”在谓语中起修饰描写作用，可以称为状语（“状”本指摹状）；“干净”在谓语中对述语起补充说明的作用，可以称为补语（“补”本指补充）。

这样，我们就得到了一些基本语法成分，下面对这些语法成分的内涵做具体说明。

1. 主语和谓语

在汉语中，结构完备的句子大多由主语和谓语两个部分组成。主语表示陈述的对象，能回答“谁”“什么”之类的问题；谓语表示陈述的内容，能回答“做什么”“是什么”“有什么”“怎么样”之类的问题。对不同的成分进行提问，就形成了不同的疑问句（在后面的章节我们会专门讲到）。主语和谓语之间的关系被定义为陈述关系。例如：

a. 李彦宏||创办了一家信息技术企业。

b. 发动机||已经安装好了。

c. 院子里||充满了欢声笑语。

d. 打高尔夫球||有助于扩展社交圈。

e. 心理学毕业生做游戏开发||很有前途。

以上各句“||”前是主语，后是谓语。实际上，我们可以看到主语是用来充当话题的，也就是作为谈话的起点，谓语便是对这个话题展开的陈述。这种“话题-评述”结构在汉语中很灵活、很发达，是汉语最显著的特点之一。注意，不能反过来说“话题都是主语”。例如，“关于这个问题，我们已经讨论过三次了，还没有达成共识。”其中“这个问题”是话题，但在这里不能说是主语，它前面有介词“关于”。而且，这里的话题统辖后面两句，而主语是单句内相对于谓语的句法成分。

主语和谓语是成对出现的成分，在由主语和谓语构成的句子中，主语以外的部分都是谓语。没有一者就无所谓另一者。例如，下面的句子就无所谓主语和谓语。

a. 哎哟！

b. 快撤！

c. 多香的花儿啊！

d. 禁止上锁！

e. 哪位？

汉语跟世界上绝大多数语言一样，都是主语在谓语之前。

2. 述语和宾语、补语

谓语里面还可以区分出述语和宾语、补语。在谓语里，谓语的核心成分后面可以出现宾语和补语两种不同性质的成分，从而形成不同的配对关系。

（1）述语和宾语。

在这种配对关系中，述语是谓语里起支配作用的成分，宾语是谓语里被支配的成分。述语和宾语之间是支配关系。例如：

a. 袁隆平||培育出了|水稻新品种。

b. 家里||来了|两位客人。

c. 这些捐来的书||送给|希望小学。

在谓语中，“|”前边是述语，后边是宾语。

（2）述语和补语。

在这种配对关系中，述语是谓语里表示动作或者状态的成分，补语指在某个方面对动作或状态起补充作用的成分，表示“怎么样”“多久”“多少次”等意思。例如：

a. 病人||疼<醒>了。

b. 战士们||把阵地打扫<干净>了。

c. 他的机枪||打得<准>。

d. 他||在上海生活了<十年>。

有的补语必须用“得”引出，如例 c。

宾语和补语都是相对述语而言的句法成分，有时可以同时出现在述语后面。例如：

a. 造纸厂的废水||弄<脏>了|整条小河。

b. 小王||奋力跳<上>了场院的墙头。

3. 定语和状语

如前面所说，当主语、谓语、述语、宾语、补语是短语时，它们的内部就可以进一步划分成两个部分（绝大多数情况下是两个）。其实，除表示并列关系的联合短语（如“更高更快更强更团结”）外，其他短语中不同成分的句法地位都不相等。其中，主谓短语中主语和谓语之间是陈述关系，述宾短语中述语和宾语之间是支配关系，述补短语中述语和补语之间是动作或状态及其补充说明的关系。

除此之外，有的短语中成分之间还存在修饰和被修饰的关系。我们将其中被修饰的成分称为中心语，将起修饰作用的成分称为修饰语。根据修饰语的性质差异，可以将修饰语分为定语和状语。注意，修饰语和中心语的划分方式是独立于“主谓宾定状补”的另一种划分角度。很多时候，直接使用这种划分方式更加简单。例如：

a. 她的（汽车）||坏了。

b. 宣讲团||来到了美丽的（贵阳）。

圆括号中的成分都是中心语，下划线成分都是与其相对应的修饰语。

（1）定语。

定语指结构整体为名词性成分时在其中起修饰作用的成分，表示“谁（的）”“什么样（的）”“多少”等意思。一个包含主语和宾语的句子，主语或宾语本身可以包含定语和中心语。例如：

a.（统计）力学||比较无趣。

b.（一帮奇装异服的）青年||一下子跑进了（那个）（空空）的舞厅。

c.（安娜）的美丽||震惊了（大部分）观众。

d.（新装备）的到来||给连队带来了（许久未见的）忙碌。

上面各例子中圆括号中的成分都是定语，有的是描写性定语（如例 b 中的“空空”），起着说明事物性质、状态的作用；有的是限定性定语（其他各个定语），起着区别事物的作用。以 a 为例，整个主语“统计力学”是名词性成分，也就是说，它相当于一个名词；这个主语的中心语是“力学”，它的修饰语“统计”就是定语。需要说明的是：例 c 主语的中心语“美丽”虽然是形容词，例 d 主语的中心语“到来”虽然是动词，但主语“安娜的美丽”和“新装备的到来”

整体上还是名词性成分。一般情况下，汉语的定语都在被修饰成分之前。

（2）状语。

状语指结构整体为动词性或形容词性成分时在其中起修饰作用的成分，表示“怎么样（地）”“哪里”“什么时候”“多么”等意思，或表示肯定、否定。谓语里放在中心语前边起修饰作用的成分都是状语。例如：

a. 我||［低沉］地喘着气。（描写性状语）

b. 食堂五楼的冰激凌||［非常］便宜。（程度状语）

c. 钱先生||［去美国］学物理学。（地点状语）

d. 张老师||［后年］退休。（时间状语）

e. 沉默||［不］代表好欺负。（否定状语）

f. 今天||［又］是星期五。（频度状语）

上面各例子中“［ ］”内的成分都是状语，语义类型各有不同。以a为例，整个谓语“低沉地喘着气”是动词性成分，也就是说，它相当于一个动词，可以用“干什么”来代替；这个谓语的中心语是“喘气”，它的修饰语“低沉”就是状语。需要说明的是：例f中的“星期五”虽然是名词，但在这里充当谓语的中心语，因此前面的“又”做状语。这类名词做谓语的情况比较特殊，也比较具有汉语的特点。

一般情况下，汉语的状语都在被修饰成分之前。当然，相比其他句法成分而言，状语的位置要灵活一些，有时可以出现在主语的前面，起到修饰全句的作用。例如：

a. 也许她参加过世锦赛。

b. 通常她在咖啡馆看书。

有时定语和状语被移到中心语的后面。此时，定语和状语的前面一定有停顿，书面上一般用逗号标示出来。凡是这样后置的定语和状语，都可以无条件地还原。例如：

a.（ ）麦苗刚刚从地里长出来，嫩嫩的，绿绿的。（定语后置）

b. 我还［ ］打电话呢，给她。（状语后置）

在口语和书面语中，定语和状语的倒装形式表达的重点并不相同。口语中的倒装内容大多是临时追补（如例b），而书面语中的倒装内容则突出所表达的意思，并且往往强化所说的话的感情（如例a）。

4. 特殊语法成分

句子中除了上面这些成对的一般性语法成分，还有一些独立于句子之外的特殊成分。不与其他成分发生固定关系的一些特殊成分叫独立语。它在结构上比较独立，不参与句子结构的组合；位置也很灵活，可能位于句首、句中或句尾。独立语可以分为插入语、呼答语、感叹语、拟声语等。

（1）插入语的功能是补足某种句意，如估计、解释、举例、提醒等。例如：

a. 看样子，今天这雨是停不了了。

b. 有一些人，如老张，就先走了。

（2）呼答语表示称呼、招呼、答应。例如：

a. 该起床了，宝贝！

b. 喂，你怎么还不交卷？

c. 是是是，您说得能有错吗？

（3）感叹语表示强烈的感情或语气。例如：

a. 啊，这么宽广的大海！

b. 哎呀呀，哪股风把你吹来了？

（4）拟声语模拟事物的声音。例如：

a. “呼——呼——”，凛冽的西风刮了整整一天。

b. 砰——啪，屋后突然传来了两声巨响。

5.2.2 句子的结构类型

1. 单句和复句

句型就是按照句子的结构进行划分的句子类型。根据结构的复杂程度可将句子分为单句和复句。单句是由若干句法成分直接构成的，复句是由几个单句形式（分句）构成的。这里先介绍单句。

前面章节所举的例子基本都是单句。可以看出，单句就是结构独立并具有语调的句子。通常来说，单句表意比较完整，这是说单句能够独立地表达说话人的某种意图。语调则与说话人的意图相关联。下面是单句的例子：

a. 他出去了。（陈述事实）

b. 叫他出去!(表达命令或请求)

所谓结构独立，指的是单句不能被包含在其他成分之中，否则只是更大结构的一个句法成分。例如：

我听说他出去了。

这句中的“他出去了”就不再具有独立性(同时不能表达一个相对完整的意义)，而是做“听说”的宾语。整个句子才是一个单句。这几点的存在，决定了现在相当多的实际语言信息处理任务，都是以单句信息处理为主体的。

2. 单句的结构类型

我们可以根据单句能不能切分出主语和谓语而将其分为主谓句和非主谓句。做这样的区分是为了后面我们进一步以这种结构为辅助来进行语义的分析。因此，这样的操作在一些信息处理任务中具有重要的意义。

(1)主谓句。

① 动词谓语句。动词性词语充当谓语的句子叫动词谓语句，主要用来叙述人或物的动作行为、发展变化等，因而又叫叙述句。它以动词为核心，动词前有主语位置(主位)、状语位置(状位)，动词后有补语位置(补位)、宾语位置(宾位)。例如：

a.(饥肠辘辘)的水手||吃掉了|(所有)罐头。(主+动+宾——动宾谓语句)

b. 盘山小径||留<下>了|(许多人)的足迹。(主+动+补+宾——动补宾谓语句)

② 形容词谓语句。形容词性词语充当谓语的句子叫形容词谓语句，主要用来描写人或物的形状、性质、特征等。它以形容词为核心，形容词前有主语位置、状语位置，后有补语位置，这与不及物动词相同，与及物动词不同的是，它没有宾位。例如：

(他)的手心||冷冰冰的。(主+形——单形谓语句)

③ 名词谓语句。名词性词语充当谓语的句子叫名词谓语句，主要用来判断或说明事物的种类、数量、时间、性质、特点、用途等。它以名词为核心，名词前有主语位置、状语位置。例如：

昨天||星期三。(名||名，表示时间)

名词性词语一般不能充当谓语，少数充当谓语时需要符合四个条件：一、只能是肯定句，不能是否定句；二、只能是短句，不能是长句；三、一般只能是口语句式，不能是书面语句式；四、限于说明时间、天气、籍贯、年龄、容貌、数量等的口语短句。在本质上，它们是动词谓语句的一种省略形式。

（2）非主谓句。

分不出主语和谓语的单句叫非主谓句。它由主谓短语以外的短语或单词加句调构成。非主谓句可以分为以下几类。

① 动词性非主谓句，由动词或动词短语加语调构成。例如：

a．冲锋！

b．出疹子了。

c．收卷了。

d．禁止遛狗！

e．反对增加税负！

这种句子通常用来说明自然现象、生活情况、祈望，有的是口号。还有一些兼语句也是非主谓句。例如：

有个小村子叫王家庄 | 让农业产值翻两番。

② 形容词性非主谓句，由形容词或形容词性短语构成。例如：

a．对！

b．漂亮！

c．糟糕！

d．太妙了！

③ 名词性非主谓句，由名词或定中短语构成，大致有以下几种。

a．1942 年冬天。莫斯科郊外。（剧本里说明时间、地点）

b．多么宽广的胸怀啊！（表示赞叹）

c．好球！（表示喝彩）

d．火！（表示突然发现）

e．老张！（表示呼唤）

f．三九天了！（怎么还不下雪？）（表示已到了该下雪的时候。）

这种句子并不是省略了主语成分的省略句，而是无须补出或无法补出其他成分的非主谓句。一句话，是省略句，还是非主谓句，边界是模糊的，需要依据上下文语境进行判断，即存在语境依赖。非主谓句不需要特定的语言环境就

能表达完整而明确的意思。省略句是在特定语境（含上下文）中可以明确补出省略的成分的句子。如例 c 是惊叫，语境是一个人在狂喜时说出这个词。如果在一堆废弃的皮球里挑出一个完好的球，问别人："这是什么？"别人说："好球！"这不是名词性非主谓句，而是"这是一个好球！"主谓句的省略（见后面省略句中的对话省略）。在例 f"名词+了"这个框架里，能进这个框架的名词必须有顺序义或时间推移义。例如，"春天""夏天""秋天""冬天"能循环反复就是有顺序义。

④ 叹词句，由叹词构成，例如：

a. 啊！

b. 嗯！

c. 喂！

⑤ 拟声词句，由拟声词构成。例如：

a. 轰！

b. 哗哗！

凭句内核心词的词性来给单句分类，可将其分为动句、形句、名句、叹句、拟声句。动句指动词谓语句和动词性非主谓句，形句指形容词谓语句和形容词性非主谓句，余可类推。

3. 整句和零句

上文说的主谓句和非主谓句是根据句子的结构关系来区分的，而整句和零句是根据句子具体表达形式命名的。整句是主语、谓语齐全的句子，零句则是缺少不少成分，以至于无法做出主谓结构分析的句子。大多数零句是由名词性成分或动词性成分构成的。其实，凡是句法上能够单说的词和短语，常常都以零句的形式呈现。把倒装句中的句法成分调整为正常顺序，有助于人或机器正确理解这些句子。常见的倒装句有下面两种。

a. 甲：是谁？乙：我。

b. 甲：你十一回不回家？乙：回。

c. 哈哈，烤鸭、涮羊肉……可以啊！

有时即便在一般句法分析时被看作不能单说的成分，在实际交际中也可以以零句的形式出现。例如：

甲：小张怎么脸儿蜡黄的？

乙：累得。

在日常会话中，零句的使用占优势，常出现在应答、祈使、赞叹、命令、发现新情况、场景说明等语境中。语义连贯的若干零句常常连接起来构成流水句。例如：

a. 火箭弹、机枪、喊声、哭号声，阵地上的战斗已经白热化了。

b. 骗局又升级了，一定要看，太可怕了！

c. 已经回家了，不去了，累了。

像这样的句子，零句和零句之间除了停顿和终结语调，没有其他形式标志，关联词经常不用，但听话人能够通过上下文来推导语义关系。如例 c，句子虽然省略了主语“我”、关联词“因为”，但听话人仍然能够准确推导出“我不去了，因为我累了”这种因果语义关系。

4. 倒装句

调换原句句法成分位置的变式句叫倒装句。倒装句的句法成分可以恢复原位，而句法成分不变。把倒装句中的句法成分调整为正常顺序，有助于人或机器正确理解这些句子。常见的倒装句有下面两种。

（1）主谓倒置。

主语在前，谓语在后，这是一般的语序。有时也会颠倒过来，主语后置，这种现象常见于疑问句、祈使句和感叹句。例如：

a. 怎么了，你？

b. 出来吧，你们！

c. 多可爱呀，这孩子！

这往往是为了强调谓语，或者说话急促而先把凸显信息焦点的内容说出来，然后追加主语。主语一般读得轻些。

（2）定语、状语后置。

定语、状语在中心语前，这是一般的语序，有时也会放到中心语之后。例如：

a. 我看部电影，黑白的。

b. 许多外国学生来到北京留学，从欧洲，从非洲，从北美洲，到世界各地。

后置的定语、状语可以是联合短语。这往往是为了突出它们，或者为了调整语序，使语句显得简洁。有时要强调状语的中心语，也会把状语置后，例如，口语中的“十二点了，都”“早上了，已经”。这些后置成分又叫追补语。

倒装句也可以叫易位句，与原句成分不变，基本意思不变，只是语气、强调内容等“言外之意”层面的功能有差异。

在做句法分析时，变式句要照变化前的原句分析，即省了的要补上，易位的要复位。在机器处理的过程中，这些问题都会构成巨大的挑战，经常需要人工标注来进行还原。

5.2.3 句子的特殊类型

1. 主谓谓语句

主谓短语充当谓语的句子叫主谓谓语句。在大规模书面语语料库的考察中，这类句子是最多的。从全句的主语（称为大主语）和主谓短语里的主语（称为小主语）是施事还是受事，以及它们之间的关系来看，大体有下面五种。

（1）大主语是受事，小主语是施事，全句的语义关系是：受事||施事—动作。它们大多数可以变换成不同或相似的句式。例如：

这道菜||大家天天吃。

（2）大主语是施事，小主语是受事，全句的语义关系是：施事||受事—动作。例如：

小王||什么电影都看过。

这种句子的受事有时有周遍性（指所说没有例外），有时表列举的事物。有周遍性的受事，可能前面有任指性词语，后面有“都”或“也”相呼应，有往大夸张的意味。

（3）大主语和小主语有广义的领属关系。例如：

a. 她||一向态度和蔼。（=她的态度||一向和蔼。）

b. 车子||发动机舱响得吵人。（=车子的发动机舱||响得吵人。）

这种句子的小谓语，有些可以与大主语和小主语同时发生语义联系，如果不用小主语，句子也能成立。

（4）谓语里有复指大主语的复指成分。例如：

一名人民教师，||他日日夜夜为学生奉献自己的知识。

（5）大主语前暗含介词“对”“对于”“关于”等。大主语如果加上介词，就变成句首状语了。例如：

a. 这种事，||中国人的经验太多了。

b. 这三个问题，||他们解决了两个。

以上主谓谓语句里的小谓语是动词或形容词。

2.“把”字句

“把”字句是指在谓语中心词前用介词“把”或“将”组成介词短语充当状语的一种主谓句，在意义上多数表示对事物加以处置。“把”字句是汉语中很有特色的句式，是语法教学中的难点。

“把”字句又叫“处置式”。所谓处置，是指谓语中的动词表示的动作对“把”字引出的受事施加影响，使它产生某种结果，发生某种变化，或处于某种状态。例如，在“虎鲸把鲨鱼咬死了”一句里，“咬”的结果是“死了”。又如，“虎鲸把鲨鱼咬了”一句，用“了”表示事态发生了变化。

3.“被”字句

“被“字句是指在谓语中心词前面，用介词“被”（给、叫、让）引出施事或单用“被”表示被动的主谓句。它是受事主语句的一种。例如：

a. 风筝被风吹跑了。

b. 她又被那人的言辞打动了。

c. 这块地都给大雪盖住了。

d. 青草都叫太阳晒蔫了。

e. 经过一宿的轰炸，好几个制高点让炸弹削平了。

f. 她的心又一次被震撼了，被大自然的力量震撼了。

“被”字直接附于动词前，这是古汉语用法的延续，如例 f。

在书面语里，还有“被……所”的格式，口语里有“让（叫）……给”的格式。例如：

a. 艰难险阻都将被人民解放军所战胜。

b. 他让人家给撵走了。

c. 键盘叫我给用坏了一个。

例a、b、c中的“所”“给”是助词，“给”还可用于“把”字句（主动句），如“我把键盘给用坏了一个”。

“被”字句表示受事主语“被处置”，被处置的结果多数带有遭受、不如意的语用色彩，少数是如意的和中性的。例如，“他被批评了”“他被表扬了”“他被调走了”（中性，指无所谓如意不如意）。“被”字句在现代汉语书面语中相对较少，通常可以转化为非“被”字句的用法。很多书面语中的“被”字句（的滥用现象），来自西方语言翻译造成的语言接触。

4. 连谓句

连谓短语充当谓语或独立成句的句子叫连谓句。识别连谓句，并划分连谓句中谓词的关系对语言信息处理任务中的语义理解具有重要的意义。连谓句里前后谓词有以下几种语义关系。例如：

a. 摸着石头过河。（表示先后发生的动作）

b. 老师表扬先进树榜样。（前后表示方式和目的关系）

c. 我抬着脑袋畅想未来。（前一动作表示方式）

d. 我俩站着不动。（从正反两方面说明一件事）

e. 这件事想起来心烦。（后一性状表示前一动作的结果）

f. 他打架打累了。（前后两件事表示因果关系）

g. 老张有资格去念军校。（前后有条件和行为的关系）

例e第二个谓词是形容词，其他例句都是两个动词。也可以连用几个谓词，如“他骑车上超市买肉去了”。例f是重复同一动词，一个带宾语，一个带补语，动作没有先后之分。连谓句内部的几个谓词不管语义关系如何，排列顺序大多数是遵循时间先后，即先出现的动作在前。第一个谓词除用“来”“去”和以此组成的词外，往往不用单个动词，一般要带上宾语、补语等成分，后一谓词没有这种限制。这些谓词都可以分别跟同一个施事发生语义关系，也就是说都是同一施事的几个动作。

例句中多数是动词或动词短语连用，因而又名“连动句”，有时后面可连用一个形容词或形容词短语，如例e。

5. 兼语句

兼语短语充当谓语或独立成句的句子叫兼语句。兼语句需要和连谓句进行区分。识别兼语句对语言信息处理任务中的语义理解具有重要的意义。根据兼语前一动词的语义，常见的兼语句有以下几种。

（1）使令式。

前一动词有使令意义，能引起一定的结果，常见的动词有“请”“使”“叫”“让”“派”“催”“逼”“求”“托”“命令”“吩咐”“动员”“促使”“发动”“组织”“鼓励”“号召”等。例如：

a. 老师鼓励学生学好功课。(老师鼓励学生，学生学好功课。)

b. 连续经济快速增长使中国制造更有市场。

c. 家乡的变化令人惊奇。

（2）爱恨式。

前一动词常是表示赞许、责怪或心理活动的及物动词，它是由兼语后面的动作或性状引起的，前后谓词有因果关系。常见的动词有“称赞”“表扬”“夸”“笑”“骂”“爱”“恨”“嫌”“喜欢”“感谢”“埋怨”等。例如：

a. 我感谢你分享给我的文章。(因为你分享给我一篇文章，所以我感谢你。)

b. 他老婆也骂他是个酒鬼。

（3）选定式。

前一动词有“选聘”“称”“说”等意义，兼语后面的动词有“为”“做”“当”“是”等。例如：

组员选他当组长。

（4）“有”字式。

前一动词用“有”“轮”等表示领有或存在等。例如：

a. 师长有个参谋很能干。

b. 大坝上有一个排在巡逻。

c. 没有人能破解密码。(非主谓句)

d. 轮到你出牌了。(非主谓句)

6. 双宾句

有指人和指事物双层宾语的句子叫双宾句。可以和两个宾语组合的动词

称为三价动词，这类动词在现代汉语中是半封闭集合。例如，在“我（施事）给（动作）他（与事）苹果（受事）”里，动词“给”是有三个必有成分的三价动词。离动词近的叫近宾语（或间接宾语），通常是人或生命体；离动词远的叫远宾语（或直接宾语），一般指物或事件。对进入双宾句的动词显然可以进行分析和识别，对这类句子进行分类，有助于提高信息抽取类任务的效能。下面是双宾句的例子：

a. 曹操给了荀彧一个空食盒。

b. 荀彧给了曹操很多帮助。

c. 孙权借给刘备荆州。(“向他借”或“借给他”)

d. 贾雨村教过林黛玉读书。

e. 沮授告诉袁绍机不可失。

f. 刘备请教诸葛亮治国的方略。

g. 魏延问孔明哪条路线好。

h. 诸葛亮给了马谡两万五千兵马。

i. 大家叫那盗马贼金毛犬。

双宾句有以下特点：

（1）动词要有“给出”（如例 a、b）、“询问”（例 f、g）、“称说”（例 i）等意义。有的动词如“借”“分”等既可表“给出”，又可表“取进”（如例 c）。

（2）近宾语一般指人，回答“V 谁”的问题，靠近动词，前面无语音间歇，常由代词、名词充当；远宾语一般指事物，也可指人（例 i），回答“V 什么”的问题，远离动词，前面可以有语音间歇或逗号，一般比较复杂，可以由词、短语或复句充当。

（3）双宾句有的可变换为非双宾同义句，变换之后，宾语离位，句子就不再是双宾句，句法结构不同，句法成分不同，但语义结构、语义成分不变。例如：

曹操给了荀彧一个空食盒。=曹操［把（那）空食盒］给了荀彧。(“空食盒”加“那”变成有定事物)（单宾句，下同）

大家叫那盗马贼金毛犬。=大家［把那盗马贼］叫金毛犬。(把近宾语提前)

7. 存现句

存现句是表示何处存在、出现、消失了何人或何物，在结构上是用来描写景物或处所的一种特定句式。它可分为存在句和隐现句两种。在工程中，因语义关系的不同，存现句不可直接作为主谓句处理。

（1）存在句表示何处存在何人或何物。例如：

a. 山上有座庙。

b. 山上净（是）石头。（“是”字可有可无）

c. 合同末尾盖着单位的公章。

d. 山顶覆盖着白雪。（“白雪覆盖着山顶”不是存现句）

e. 台上坐着主席团成员。（“主席团成员坐在台上”不是存现句）

以上是静态存在句，以下是动态存在句。

a. 中午天空中盘旋着一架侦察机。

b. 屋顶上飘着五星红旗。

（2）隐现句表示何处出现或消失何人或何物。例如：

a. 烟囱里冒出一阵阵浓浓的黑烟。（表示出现）

b. 他的脸上透出一丝冷笑。（表示出现）

c. 山谷里顿时没有了敌人的踪迹。（表示消失）

d. 昨天村里死了三只羊。（表示消失）

并非表示存现的都是存现句，存现句需要满足前面讲的条件。

存现句一般分为三段。前段是处所段，可以同时出现时间词语，如隐现句的例 d，“昨天”是时间修饰，是状语，它是存现句的可有成分，不是必有成分（指处所词语），如“[昨天] 来了盗贼”，或把例 d 说成“昨天死了三只羊”，不能认为“昨天”是主语，它是省略句，凭语境可以补出主语来。中段是不及物动词或“有”“是”。存在句的动词常带助词“着”，也可带“了”，如“车库里放了（着）十辆车”。隐现句的动词常带趋向补语和“了”。有些存在句的动词可以隐去，或用“是”和“有”，如存在句的例 b 隐去“是”字，成了没有动词的存在句，即成了名词谓语句，它是存现句的变体。后段必有存现宾语。存现宾语大都有施事性或不确指性，有的兼而有之。例如，存在句的例 e 的“主席团成员”就在不及物动词后，有施事性；存在句的例 a 在非动作动词句的后段就没有施事性，带有不确定性。

5.2.4 句子的语气类型

句子都有语气，语气是说话人根据需要采取的说话方式。句子根据语气可

以分为四种类型，即陈述句、疑问句、祈使句和感叹句。这与句子有四种用途有关。一般来说，陈述句用平调，平而略降，疑问句多数用升调，祈使句和感叹句用不同的降调，祈使句的降调略为短促，感叹句的降调略为舒缓而较长。一种句类可以使用不止一个语气词，也可以不用语气词。

1. 陈述句

叙述或说明事实、带有陈述语气的句子叫陈述句。陈述句是思维最常见的表现形式，也是使用最为广泛的一种句子。它可带的语气词有“了”“的”“嘛”“呢”“罢”“了”“啊”等，表示略有区别的陈述语气。值得一提的是，由于汉语没有显示的时态，很多陈述句句末语气词是这类信息的来源。例如：

a. 团长猛地站起来了。(“了”表示新情况出现)

b. 她不会来的。(“的”表示确认本来如此)

c. 新兵头一回摸枪嘛。(“嘛”表示显而易见，无须多说)

d. 成果好得很呢。(“呢”略带夸张口气)

e. 明天就星期六了。

f. 下雨了。

g. 冬天的早餐。

有时候肯定的语气可以用“双重否定”来表示。双重否定的陈述句常在一句话内用两个互相呼应(抵消)的否定词，如“不……不……”“没有……不……”“非……不……”等。这与数学上的“负负得正”相像。但要注意，双重否定的句子与相应的单纯肯定的句子的意思并不完全一样。例如：

a. 他不会不出席的。(=他会出席的。)

b. 他不能不来。(≠他能来。=他必须来。)

c. 他不敢不来。(≠他敢来。=他只好来。)

例 a 与表示肯定的句子“他会同情我的”意思差不多，只是在口气上双重否定句委婉些。还要注意例 b、c 两个双重否定句与表示肯定的句子的差别：例 c 的意思不是“他敢来”，而是表示“他没有不来的胆量”，有点像“他只好来”。b、c 两个例子多少带有“情势迫使”的意思。例如：

a. 没有一个人不讨厌他。(=人人都讨厌他。)

b. 没有不变忧为喜的。(=都变忧为喜。)

c. 没有什么不可以。（=可以。）

d. 我非把这证书拿下不可。

e. 可是他非叫我不去。

f. 非说说不痛快。

例 d 至例 f 表示“一定要怎么样”，口气坚决、确定。

口语中还有“非得去”“非要说”等说法，跟“非……不可”的意思相同，但形式上没有“双重否定”。这种说法就是从“非……不可”变来的。

在书面语言中常见“无不”“无非”“不无”“未必不”等说法。例如；

a. 街坊四邻无不欢喜。

b. 就说领导原来不愿让学生转专业，无非怕吃亏。

c. 他未必不愿意。

“无不”“无非”都比相应的肯定的意思加重了，“不无”“未必不”则比相应的肯定的意思减轻了。

2. 疑问句

提出问题、具有疑问语气的句子叫疑问句。疑问句句末用问号。提问的手段有语调、疑问代词、语气副词、语气词或疑问格式（“V 不 V”等），有时只用一种手段，有时兼用两三种手段。其中句调是不可或缺的。根据提问的手段和语义情况，疑问句可以分为四类：是非问、特指问、选择问、正反问。在工程中，正确划分和生成四类疑问句，对提高人机对话体验具有重要的价值。

（1）是非问。

是非问的句法结构像陈述句，即没有表示疑问的结构或代词，它带有语气词“吗”或可以带“吗”。

回答是非问句，只能对整个命题表示肯定或否定，用“是”“对”“嗯”或“不”“没有”等答复，或用点头、摇头回答，所以又叫“然否问”。例如：

a. 你真要让她上？（语调上升）

b. 这事领导知道吗？（“吗”表示疑问语气，只用在是非问句里）

c. 你明天能加班吧？（“吧”表示半信半疑的语气）

d. 你忘啦？（“啦”=“了+啊”）

e. 又是 BBC 那些媒体哪？（“哪”=“呢+啊”）

f. 你要退掉这批货，是吗？

g. 哪里都能买到电池吗？（“哪里”表示任指，不表示疑问）

例 a 没有语气词，一定用上升句调，问话者对事情有一定猜测，可加“吗”；例 b 可以用降调和升调，不用升调时，靠“吗”负载疑问信息；例 c 用“吧”，是测度疑问，有“吧”就可使用降调。是非问句用疑问代词任指，仍然可以用“吗”表是非问，如例 g。

（2）特指问。

特指问用疑问代词（如“谁”“什么”“怎样”等）或由它组成的短语（如“为什么”“什么事”“做什么”等）来表明疑问点，说话者希望对方就疑问点做出答复，句子往往用升调。例如：

a. 谁叫她来的？

b. 你 [怎么] 不说说清楚呢？（“呢”表示舒缓语气）

c. 那 [为什么] 我们住的地方都朝北？

d. [明天下午什么时候] 到站啊？（“啊”表示舒缓语气）

e. (什么) 事这么着急？

f. 她还待在这里发什么呆？

特指问常用语气词“呢”“啊”，但不能用“吗”。

要注意，不要以为有疑问代词的句子都是特指问，因为疑问代词有“任指”“虚指”用法。讲疑问代词时已讲了这两种非疑问的用法了。例如：

a. 他什么都不吃吗？（“什么”，是任指）(是非问)

b. 你想玩点什么？（“什么”是虚指）(是非问)

c. 你想吃点什么吗？（“什么”是虚指）(是非问，不是特指问)

d. 你想吃点什么呢？（“什么”是实指）(特指问)

e. 有谁去过吗？（“谁”是虚指，不是特指问）

不要因例 b、例 c 有疑问代词而误认为是特指问。例 c 虚指（“什么”等于“东西”）和例 d 实指（提问）表达的是两个意思。例 d 的“什么”不能用“东西”代替。

（3）选择问。

选择问用复句的结构形式提出不止一种看法供对方选择，用“是”“还是”连接分句，常用语气词“呢”“啊”，不能用“吗”。例如：

a. 打篮球，还是打排球？

b. 是光我一个人呢，还是也有别人？

c. 拼命往深里钻呢，还是努力扩大知识面呢？

d. 简单地说，还是详细地谈？

e. 明天她去呀，还是我去？

选择问中间一般不能用问号，用了问号就变成疑问句句群了。

（4）正反问。

正反问由单句谓语中的肯定形式和否定形式并列的格式构成，又叫“反复问”。正反问可粗分为三种疑问格式：

① V不V（来不来）。

② V不（来不），省去后一谓词。

③ 附加问，先把一个陈述句说出，再后加“是不是”“行不行”“好不好”一类问话格式。

正反问常带语气词“呢”“啊”等，不能用“吗”。例如：

a. 这个人麻不麻利？（格式①）

b. 你是不是哪儿有问题了？

c. 你愿意不愿意加入我们？

d. 客人吃不吃午宴呢？

e. 明天他来不？（格式②）（是省略式）

f. 你见过故宫没有？

g. 他当过二十年小学教师，是不是？（格式③）

有一种特殊的“呢”字问句，如“你呢？”。它与一般“呢”字句的不同在于，没有疑问代词或疑问结构，但可以在中间补出疑问代词和疑问结构。例如：

（他们都去成都，）你呢？

上句可以变换成：

a. 你怎么办呢？你去哪儿？（特指问）

b. 你去不去呢？（正反问）

c. 你去还是不去呢？（选择问）

根据答语的差异，疑问句可分三种：询问句、反问句和设问句。例如：

a. 你的妻子在哪里？（询问句，有疑而问，有问有答）

b. 难道我是三岁小孩子？（反问句，无疑而问，有问无答）

c. 什么叫执行力？执行力就是说到做到、令行禁止的能力。（设问句，自知而问，自问自答）

反问句，不要求回答。反问口气相当于否定口气。否定格式加否定口气就变成肯定的意思（负×负=正），如下面的例 a；反之，肯定格式加否定口气就变成否定（正×负=负），如下面例 b。例如：

a. 你瞅这铁路不是真的修了吗？（=真的修了）

b. 累死人啦，怎么还跑操？（=不要跑操了）

c. 你是来帮忙呢，还是来拆台呢？（=来拆台）

d. 她们这一手你说狠不狠？（=狠）

反问句多用是非问和特指问，少用选择问和正反问。

表 5-1 为对疑问句四种类型的总结。

表 5-1　对疑问句四种类型的总结

<table>
<tr><th>类　型</th><th>例　句</th><th>结构特点</th><th>语气词</th><th>答　语</th></tr>
<tr><td>是非问</td><td>他去吗？
他去吧？
他去？</td><td>像陈述句+疑问语调</td><td>用“吗”，不用“呢”，也可不用“吗”</td><td>可以回答“是”或“不”“没有”，或用点头、摇头答复</td></tr>
<tr><td>特指问</td><td>谁去？
谁去呢？</td><td>用疑问代词表示</td><td rowspan="3">可用“呢”，不可用“吗”，也可不用“呢”</td><td>就疑问代词部分作答</td></tr>
<tr><td>选择问</td><td>他是今天去呢，还是明天去呢？</td><td>用有选择关系的复句表示</td><td>选择其中一项作答，或用另外的话作答，如“后天去”</td></tr>
<tr><td>正反问</td><td>他去不去呢？</td><td>在单句谓语中，用肯定与否定并列的形式表示</td><td>选择其中一项作答，或用另外的话作答，如“还没定”</td></tr>
</table>

以上四种问句都可以用语气词，也可以不用；用语气词比不用语气词舒缓一些。

3. 祈使句

要求对方做或不做某事、具有祈使语气的句子叫祈使句。它可分为两大类：一类是命令、禁止，另一类是请求、劝阻。这两类句子虽都用降语调，但在语

气词等的运用上略有不同。

表示命令、禁止的祈使句一般带有强制性，口气强硬、坚决。这种句子经常不用主语，结构简单，语调急降而且很短促，不大用语气词，句末一般用叹号，语气缓和的也可用句号。正确识别祈使句，并判断其语用目的，对人机对话工程具有很高的价值。下面是祈使句的例子：

a. 快去关火！（肯定）

b. 带他们先走！

c. 不许乱涂乱画。

d. 不得携带手机。（否定）

e. 别动，别动。

表示请求、劝阻的祈使句包括请求、敦促、商请、建议和劝阻等，一般也用降语调，但往往比较平缓；表示请求时，多用肯定句，常常用语气词“吧”或“啊”；表示劝阻时，多用否定句，常用“甭”“不用”“不要”“别”等词语和语气词“了”“啊”等。例如：

a. 您坐这里吧，大爷！

b. 您还是请进里面休息一下吧。

用语气词“吧”带有商量的语气，用“啊”略带敦促的意味。试比较下面这一句：

说呀，为什么不说呢？说吧！

头一个“说呀”有催促的意味，后一个“说吧”有商请的意味。请求或敦促人家做事，总是有商量的余地，比较客气，因此宜于使用重叠形式的动词，有时用敬词“请”，常出现主语。例如：

a. 您说说。

b. 您请坐。

下面是表示劝阻的句子：

a. 不用去了，会已经完了！

b. 别乱动，啊！（“啊”用升调）

c. 不要提这事儿！

d. 甭提啦！

e. 同志，别拿错了枪哟！

4. 感叹句

带有浓厚的感情，具有感叹语气的句子叫感叹句。它表示快乐、惊讶、悲哀、愤怒、厌恶、恐惧等浓厚的感情，句末都用叹号。

有的感叹句由叹词构成。有的叹词代表的感情一目了然，如“哦”表示醒悟，“呸”表示鄙视。但是，有的叹词表示什么感情，要看前后的话才能确定。感叹句和祈使句很难通过单纯的结构进行区分，这在人机对话的工程实践中常常带来麻烦。例如：

a. 哈哈！今天这烤肉太好啦！（表示喜悦）

b. 哈哈！太小儿科啦！（表示讥笑）

c. 哎哟！疼死我了哟！（表示痛楚）

d. 哎哟！这么说，得花三万块啊！（表示惊讶）

e. 唉！他的病太重啦！（表示叹息）

f. 哎！就打仗那会儿也没有这么狼狈！（表示感慨）

g. 咦！喝茅台啊！你从哪发了财啦！（表示诧异）

5.3 句法信息的表示形式

5.3.1 短语结构文法

短语结构文法是美国语言学家乔姆斯基在 20 世纪 50 年代根据公理化方法提出的一种语言的形式化描述理论。

图 5-3 是对“大学学生喜欢流行歌曲”这句话的短语结构分析。

据此，我们用表格描绘短语结构文法的特点，如表 5-2 所示。

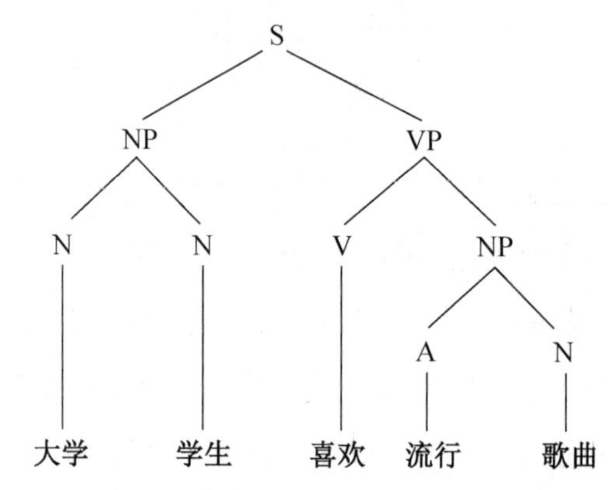

图 5-3 “大学学生喜欢流行歌曲”的短语结构分析

表 5-2 短语结构文法的特点

结构基础	主要逻辑操作	短语	关系	头	节点类型	节点数量	节点的线性顺序	文法关系标记
短语	集合包含	明显	隐含	可选	非终极、终极节点	多	必需	无

1. 乔姆斯基层级

依据形式语言生成能力的不同，乔姆斯基把形式文法分为 4 类：0 型文法；上下文有关文法（CSG）；上下文无关文法（CFG）和正则文法（RG）。每个正则文法都是上下文无关的，每个上下文无关文法都是上下文有关的，而每个上下文有关文法都是 0 型的。乔姆斯基把由 0 型文法生成的可计算枚举语言叫 0-型语言，把由上下文有关文法、上下文无关文法、正则文法生成的语言分别叫作上下文有关语言（1-型语言）、上下文无关语言（2-型语言）、正则语言（3-型语言）。正则语言包含在上下文无关语言之中，上下文无关语言包含在上下文有关语言之中，上下文有关语言包含在 0-型语言之中。四种文法之间的这种生成力逐渐减弱的包容关系，也称为乔姆斯基层级，如表 5-3 所示。

表 5-3 乔姆斯基层级

乔姆斯基层级	文　法	语　言
0-型	不受限文法	递归可枚举语言
1-型	上下文有关文法	上下文有关语言
2-型	上下文无关文法	上下文无关语言
3-型	正则文法	正则语言

自从有了乔姆斯基层级，许多学者开始研究自然语言到底属于哪一个层级的问题。0-型不受限文法只是一个单纯的描写性的枚举机制，它对语句生成没有任何限制，所以利用此机制生成的是类似字典的语句列表，既有所有合法的自然语言语句，也可能有不合法的语句，生成力过强。那么，自然语言应该在0和3之间的哪个位置？乔姆斯基在提出文法层级构想的同时，抛出这样一个问题：如果把自然语言完全看成词串的集合，它们是否始终处于“上下文无关文法”的范畴中？

此后，一大批语言学家在自然语言中积极寻找上下文无关文法不能生成的语言现象，如荷兰语和瑞士德语中的交叉依存现象。这些现象的存在说明自然语言有时候会超越上下文无关文法的生成能力。

2. 生成和转换

短语结构文法是最早被用于生成自然语言语句的形式文法，它由一系列形式为X→Y（读作：X改写为Y）的改写规则组成，可以生成许多自然语言语句。例如，利用（1）给出的文法片段，我们可以反复改写，如（2）所示，生成简单句（3）。

（1）（i）S→NP VP；（ii）NP→D N；（iii）VP→V NP；（iv）D→the；（v）N→运动员，球等；（vi）V→打，接住，等。

这组规则中的S表示句子，NP、VP表示名词短语和动词短语，D、N和V分别表示指示代词、名词和动词。（i）表示一句话可以改写为名词短语加动词短语，（ii）表示一个名词短语可以改写为代词加名词，（iii）表示动词短语可以改写为动词加名词短语，（iv）（v）和（vi）表示词库，即代词包含“那”，名词包含“运动员”“球”，动词包含“打”“接住”。

（2）我们可以根据（1）中的规则生成一句话：

→S→NP + VP　（i）

→D + N + VP　（ii）

→D + N + V + NP　（iii）

→那 + N + V + NP　（iv）

→那 + 球员 + V + NP　（v）

→那 + 球员 + 接住 + NP　（vi）

→那 + 球员 + 接住 + 球　（ii，iv，v）

（3）最终结果就是：那球员接住球。

我们还可以向上面的（1）添加一系列规则来充实它表达的文法，如不及物动词短语的转换规则（VP→V）、双宾语动词短语的转换规则（VP→V+NP+NP或 VP→V+NP+PP）等。但是，一旦尝试构造更精细的规则，短语结构文法就会暴露出一系列问题：第一，短语结构规则一旦对某部分语句改写完毕，便无法回溯其生成历史，故难以刻画人称一致、时态一致等一致性关系。第二，改写规则的使用顺序需予以规定，否则会生成不合法的语句。例如，被动句中主宾语调换规则要用在动词时态一致规则之前，否则就会造成被动句中的施事选择不当。第三，并非所有的短语结构规则都具有相同地位，有些是强制性的，生成语句时必须使用，有些是选择性的，要在其他规则使用完毕之后才能使用，甚至不必使用。如果两类规则等同视之，会生成大量错误结构。乔姆斯基认为，将这几个问题归纳起来，原因在于短语结构文法的所有规则处于同一平面，既难以区分规则的使用顺序，也不能回溯生成历史。这就像在平面几何中意欲用两条直线表达一个三维空间，无论如何都很难呈现空间的全貌，甚至可能丢失很多特征。倘若增加维度，将平面图变为立体图，问题便迎刃而解。转换生成文法的思想大致如此。

转换生成文法的目标是建立一个能产生所有句子的文法系统，它主要包括生成和转换两个方面。生成规则包括一套短语结构规则和词汇插入规则。前者用一套符号来表示，例如：S→NP＋VP，NP→D+N，VP→V+NP（S 代表句子，NP 代表名词短语，VP 代表动词短语，D 代表限定词，N 代表名词，V 代表动词）。例如，句子“The boy posted the letter”（这个男孩把那封信寄走了），如图 5-4 所示。

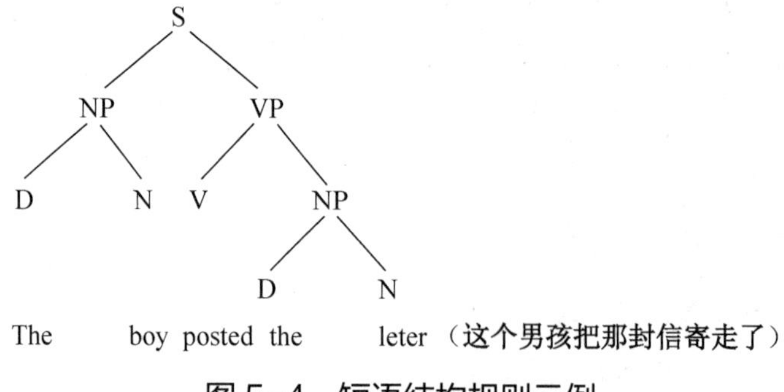

图 5-4　短语结构规则示例

词汇插入规则是生成合格句子的保证，即对一个句子内各个成分加以限制。

如上例所示，“posted”前的名词一定是生物名词（一般指人），违反这个限定就会生成不合法的句子，如“石头寄信”之类。“转换”主要指句式和结构的转换。开始，乔姆斯基指的是核心句与非核心句的转换，如肯定与否定、陈述与疑问、主动与被动等句式之间的转换，并制定了一套转换程序，如换位、添加、省略、替换、复写等。后来，他又提出表层结构和深层结构的转换。由于乔姆斯基在转换与生成句子的过程中都采用形式化的符号表达，所以可以把他的学说称为“形式语言学”。围绕语义的作用，形式语言学经历了若干阶段，如古典模式阶段、标准理论阶段、扩展标准理论阶段、修正的扩展标准理论阶段、GB 理论阶段和最简方案理论阶段等。这种学说适合计算机应用，克服了结构主义语言学只重表层结构而忽视深层结构的不足，但也具有脱离社会语境、操作手法烦琐等缺点。

5.3.2 依存文法

依存文法通过分析语言单位内成分之间的依存关系解释其文法结构，主张句子中核心动词是支配其他成分的中心成分，而其本身不受其他任何成分的支配，所有受支配成分都以某种关系从属于支配者。

依存文法的结构没有非终节点，词与词之间直接发生依存关系，构成一个依存对，其中一个是核心词，也叫支配词，另一个是修饰词，也叫从属词。依存关系用一个有向弧表示，叫作依存弧。依存弧的方向为由从属词指向支配词。

与短语结构文法相比，依存文法没有词组这个层次，每一节点都与句子中的单词相对应，它能直接处理句子中词与词之间的关系，而节点数目大大减少了，便于直接标注词性，具有简明清晰的优点。特别在语料库文本的自动标注中，依存文法使用起来比短语结构文法方便。

1. 依存文法的条件

（1）一个句子中只有一个成分是独立的。

（2）句子的其他成分都从属于某一成分。

（3）任何一个成分都不能依存于两个或两个以上的成分。

（4）如果成分 A 直接从属于成分 B，而成分 C 在句子中位于成分 A 和成分

B 之间，那么，成分 C 或者从属于成分 A，或者从属于成分 B，或者从属于成分 A 和成分 B 之间的某一成分。

（5）中心成分左右两边的其他成分相互不发生关系。

2. 标注关系

依存文法的标注关系如表 5-4 所示。

表 5-4　依存文法的标注关系

关系类型	标识符号	示　例
主谓关系	SBV	我送他一个茶杯（我←送）
动宾关系	VOB	我送他一个茶杯（送→茶杯）
间宾关系	IOB	我送他一个茶杯（送→他）
前置宾语	FOB	他什么文章都写（文章←写）
兼语	DBL	她请我看电影（请→我）
定中关系	ATT	大超市（大←超市）
状中结构	ADV	非常漂亮（非常←漂亮）
动补结构	CMP	打光了子弹（打→光）
并列关系	COO	士兵和军官（士兵→军官）
介宾关系	POB	在阵地上（在→上）
左附加关系	LAD	士兵和军官（和←军官）
右附加关系	RAD	战友们（战友→们）
独立结构	IS	两个单句在结构上彼此独立
核心关系	HED	指整个句子的核心

图 5-5 为对“西门子将努力参与中国的三峡工程建设”这句话的依存文法标注。

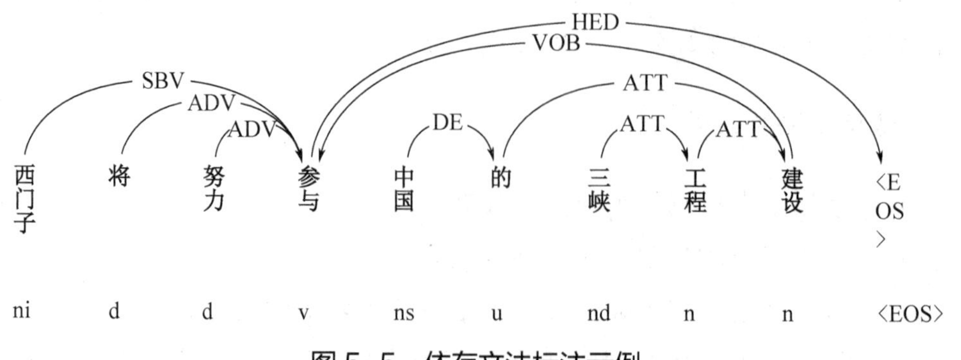

图 5-5　依存文法标注示例

5.4 句子的语义

句子的意义即“句义”，句义在语义中占有十分重要的地位。因为在实际的语言交际和语言信息处理中主要以句子为理解和处理的单位，所以句子可以被看作表达意义的基本单位，也是实现更复杂的语言交际的基础。

5.4.1 句子的语义种类

一个句子到底能表达多少种意义？除了句子本身所能表达的言内之意（或叫“语段意义”），在不同的语言环境中结合人们不同的知识背景，句子还可以表达各种各样的言外之意（或叫“语境意义”“语用意义”）。言外之意实际上也是要以言内之意为基础的。如果不讨论言外之意，句子本身的意义可以依据不同的表达形式大致分为语汇意义、关系意义和语气意义三种。

1. 句子的语汇意义

“语汇意义”虽然是指词语具有的意义，但词语是组成句子的基本结构单位，因此要想理解句子的意义，首先应该懂得句子中词语的意义。句子的语汇意义包括两方面内容：一是句子中词语本身具有的意义，二是句子中词语搭配产生的意义。

（1）词语本身的意义。

什么是“词语本身的意义”呢？例如，要理解“妻子切西红柿”这句话的意思，首先就要知道“妻子”“切”“西红柿”这几个词分别是什么意思，然后才可能理解整句话的意思。如果把这几个词用其他的词替换一下，那么句子的意思也会有变化：“丈夫切西红柿”“妻子吃西红柿”和“丈夫吃西红柿”的意思各不相同。这些句义之间的差别就纯粹是由不同意义的词语造成的。

（2）词语搭配产生的意义。

什么是“词语搭配产生的意义”呢？例如，“妻子”“丈夫”“仓鼠”都可以“吃西红柿”，但“手机”“计算机”“柜子”就不可能“吃西红柿”；“吃”的可以是“羊肉”“辣椒”“燕麦”，甚至可以“吃大碗”“吃两顿”，但不可能“吃鞋子”“吃浴缸”“吃汽车”；“西红柿”可以“吃”，也可以说“拿西红柿”“卖西红柿”“运输西红柿”，但不可能说“喝西红柿”“按摩西红柿”“批评西红柿”。这些能说（意思正确）和不能说（意思不正确）的句子就主要是由不同词语搭配的意义决定的。

在工程实现中，具有独特意义的词语搭配通常也被列入词表，作为一类特殊的词语加以存储和处理。但这样粗放的做法，无疑会导致词表极度膨胀，并带来十分严重的数据稀疏。

2. 句子的关系意义

词语在组合成句时总要形成一定的结构关系，这些结构关系为句子带来的意义就是句子的“关系意义”。关系意义不可能孤立存在，单独的一个词语只能有语汇意义，而不可能有关系意义，也就是说关系意义只有在词语进入组合后才会产生，只存在于一定的结构之中。句子的关系意义也可以从两方面来看：一方面是词语成分在组合过程中形成的语法关系意义，另一方面是词语成分在组合过程中形成的语义关系意义。

语义关系意义是指语义结构带来的意义。句子中词语成分不仅处在一定的语法结构关系之中，还处在一定的语义结构关系之中。由语义结构赋予句子的意义就是语义关系意义。例如，“动词+名词”可以有“动作+施事”（来客人了）、“动作+受事”（吃水果）、“动作+工具”（吃火锅）、“动作+结果”（写作文）、“动作+处所”（吃饭馆）等各种语义关系意义。反过来，“名词+动词”也可以有“施事+动作”（客人来了）、“受事+动作”（水果吃了）、“处所+动作”（门口蹲着）等各种语义关系意义。“妻子吃西红柿”这句话就包含“妻子”和“吃”之间“施事+动作”的意义，以及“吃”和“西红柿”之间“动作+受事”的意义。如果几个词语的组合包含多种语义关系意义，那么人们对这个组合的理解就会有多种可能。例如，在很常用的例句“鸡不吃了”这个组合中，“鸡”和“吃”之间就存在“施事+动作”和“受事+动作”两种语义

关系意义：按前一种关系理解的意义是“鸡不吃东西了”，按后一种关系理解的意义是“某人不吃鸡了”。

3. 句子的语气意义

人们在日常的交际中总是有目的地使用语言，有时是想叙述事件，有时是想提出问题，有时是想要求他人做某件事情，有时是想抒发某种情感，这些都需要通过句子来表达。同时，人们在使用句子时，还可能带有惊诧、不满、怀疑、犹豫、坚决等情绪。反映说话人使用句子的目的和说话人情绪的意义就是句子的语气意义。

句子的语气意义主要有陈述、疑问、祈使、感叹等意义，而情绪意义包含在这几种语气意义中。语言中的语气意义一般都是通过句调形式表达的，一些虚词和语气词在有些语言中也有表达语气意义的作用。例如，汉语普通话句末的语气词“吗”就使句子表达疑问语气，语气副词“大概”“也许”可以表示揣测语气。这些信息在人机对话工程中具有重要的价值。如果两个句子的语汇意义、语法关系意义和语义关系意义都相同，而语气意义不同，这两个句子的意义也就不同。例如：

a. 小李走了。

b. 小李走了？

c. 小李走！

d. 小李走了吗？

e. 小李居然走了！

f. 小李走了呀！

上面几个句子在语汇意义上都表示一个叫“小李”的人做出“走”的动作行为，在关系意义上都表示“主语+谓语”的语法关系意义和“施事+动作”的语义关系意义。但这些句子在语气意义上就有差别：a 用低平的句调表示陈述语气，b 用升高的句调表示疑问的语气，c 用降低的句调表示祈使的语气，d 用语气词“吗”表示疑问的语气，e 用副词“居然”和升高句调表示疑问和诧异的语气，f 用语气词“呀”和高平的句调表示感叹的语气。

5.4.2 句子的语义结构

在句子的语汇意义、关系意义和语气意义中，语汇意义与词语有关，关系意义和语气意义中的语法关系意义主要与语法结构有关，因此语义关系意义才是最主要的句义问题。语义关系意义涉及语义结构，既然是一种结构，就自然涉及结构分析的问题。句子的语义结构主要包括三个方面：一是论元结构，二是语义指向，三是语义特征。

1. 论元结构

论元分析是目前语言信息处理的知识工程中描述语义结构的主流方法之一。我们先看论元是怎么回事。如果排除句子的语汇意义和句子中由虚词、语序、句调等表示的时态、语态、语气、关系等各种语法意义，句子的抽象语义结构就可以用一个命题来概括。命题就是指由一个谓词和若干论元组成的一种论元结构。语言中的谓词主要是表示动作行为的动词和表示性质状态的形容词，通常充当一个结构的谓语；语言中的论元主要就是谓词联系的名词性成分，通常充当一个结构的主语和宾语。例如：

a. 敌人走了。

b. 衬衫很漂亮。

c. 妻子买了山竹。

d. 志明送给春娇一束花。

上面的例句中都包含一个谓词的主谓结构，在语义上都可以分别看作一个论元结构。其中“走”“漂亮”“买”“送”是论元结构中的谓词成分，“敌人”“衬衫”“妻子”“山竹”“志明”“春娇”“一束花”是谓词联系的名词性论元成分。具体来说，a 和 b 是由一个谓词跟一个论元构成的论元结构，称为一元动词结构；c 是由一个谓词跟两个论元构成的论元结构，称为二元动词结构；d 是由一个谓词跟三个论元构成的论元结构，称为三元动词结构。

谓词是论元结构的核心成分，可以对论元成分起支配作用。一个论元结构可以有多少论元，以及可以有什么样的论元，都是由谓词的语义性质决定的。在上面的例句中，“走”的意思是“脚交互向前移动”，这就决定了“走”这一

动作只会涉及动作的发出者，因而“走”作为谓词就只能支配一个表示动作发出者的论元成分。当然，“我在走手续”中的“走”具有不同的语义，其论元结构也就不同。“漂亮”是一个形容词，意思是“好看”“美观”，这个意义就决定了“漂亮”只能涉及一个主体，所以“漂亮”在充当谓词的论元结构中也只能出现一个论元成分。“买”的意思是“拿钱换东西”，在这一动作行为中，除有“买”这一动作的发出者之外，还涉及拿钱换的东西，因而“买”在作为谓词的论元结构中，可以出现动作的发出者和动作涉及的客体两个论元成分。“送”的意思是“把东西运去或拿去给人”，这一意义包含动作的发出者、所运或所拿的东西及所给的对象，因此“送”在作为谓词的论元结构中可以出现三个论元成分。由此可见，在论元结构中谓词的语义决定了可能出现的论元的数量和性质，从而规定了句子结构的语义框架。有了这种语义框架，再用符合谓词语义要求的论元名词把这个框架填满，就产生了句子结构的命题意义。谓词对句子意义的这种作用，用省略句也可以证明。例如，问某人“你吃不吃蒸包”，对方回答“吃”，这个“吃”虽然只是一个词，但在语义上等于“我吃蒸包”。人们之所以能够在理解过程中将“吃”的动作发出者（我）和涉及的客体（蒸包）补充出来，从而正确理解这句话的实际含义，就是因为“吃”规定的句子语义框架起了引导的作用。

既然论元结构是由谓词和论元名词构成的，而论元名词的数量和性质又是由谓词决定的，那么只要句子结构中出现谓词，就一定存在以该谓词为核心的论元结构。即使谓词充当的不是谓语，而是其他句法成分，即使谓词的论元成分没有全部出现，甚至全部没有出现，论元结构也依然存在。例如，“吃”是二元动词，在下面的例句中，尽管“吃”支配的论元成分没有出现，也没有出现实际词语的论元位置（包括这个位置的词语出现在结构中其他位置上），但仍可以认为其中存在空论元成分（用“E”表示）。例如：

a. E吃过蒸包了。

b. 我吃过E了。

c. E吃过E了。

d.（蒸包）E吃过E了。

句子的论元结构可分为四种类型，即简单论元结构、复合论元结构、降级论元结构和从属论元结构。

（1）简单论元结构是只由一个谓词和相应的若干论元名词构成的论元结构。

“简单主谓句”就属于这种论元结构。例如，上面的例句中的各句都是简单论元结构。

（2）复合论元结构是由两个或两个以上的论元结构组合在一起的论元结构，几个论元结构除具有语义上的联系之外，彼此相对独立。“复句”或“连谓句”就属于这种论元结构。例如：

a. 风很大，雨也很大。

b. 虽然天气不好，但是开幕式照常进行。

c. 老王推开门走了出去。

d. 小刘去资料室取了两本书。

a 由“雨很大”和“风很大”两个论元结构组成，两个结构是并列关系；b 由“天气不好”和“开幕式照常进行”两个论元结构组成，两个结构之间是转折关系；c 由“老王推开门”和“（老王）走出去”两个论元结构组成，两个结构之间是先后关系；d 由“小刘去资料室”和“（小刘）取书”两个论元结构组成，两个结构之间是目的关系。

（3）降级论元结构是由一个论元结构充当上一级结构中论元的论元结构。一般来说，主语和宾语都是谓语动词的论元，但如果充当主语或宾语的成分也是谓词，就是一个论元结构。因此，动词性主语和动词性宾语都属于降级论元结构。例如：

a. 导师希望小刘早点儿毕业。

b. 小刘希望早点儿毕业。

c. 她道歉也解决不了问题。

d. 道歉也解决不了问题。

a 中的谓词结构“小刘早点儿毕业”和 b 中的谓词结构“早点儿毕业”充当主句动词“希望“的宾语，c 中的谓词结构“她道歉”和 d 中的谓词结构“道歉”充当主句动词“解决”的主语，这些都是降级论元结构。

（4）从属论元结构是指充当修饰成分的论元结构。修饰成分一般包括定语、状语和补语，定语、状语、补语等不能充当谓词的论元，但本身可以由论元结构充当，动词性定语、动词性状语和动词性补语就属于这类从属论元结构。例如：

a. 王亮穿上了妻子买的衬衫。

b. 那个穿格子衫的男生叫张华。

c. 王亮有计划地准备考试。

d. 张华伤心得哭了。

a 中的谓词结构“妻子买（衬衫）”充当主句宾语“衬衫”的定语；b 中的谓词结构“（某个男生）穿格子衫”充当主句主语“男生”的定语；c 中“（某人）有计划”充当状语；d 中“（某人）哭”充当补语，这些都是从属论元结构。

2. 语义指向

一个句子可以包含多个句法成分，如主语、谓语、宾语、定语、状语、补语等，句法成分之中可能包含论元结构，如降级论元结构、从属论元结构等。多个结构成分出现在同一个句子中，就会涉及“语义指向”，即到底哪个成分与哪个成分之间具有语义联系。搞清楚成分之间的语义指向关系，对正确理解句义有十分重要的作用。在后面我们谈到的排歧技术中，分析语义指向就是很重要的一种方法。我们来看下面的例子：

a. 他默默地沏了一壶茶。

b. 他浓浓地沏了一壶茶。

c. 他慢慢地沏了一壶茶。

上面的例句看上去都是一样的主谓结构，但意义各不相同，原因就在于状语的词语意义决定了其语义指向有所不同：a 中状语“默默地”的意思是“不说话”“不出声”，因此在语义上指向施事名词“他”；b 中状语“浓浓地”的意思是“味道重”，因此在语义上指向客体名词“茶”；c 中状语“慢慢地”的意思是“做事的速度慢、时间长”，因此在语义上指向动词“沏”，即“沏（茶）”这一动作行为“慢”。

下面的例句是另一种存在语义指向差异的结构。

a. 喝醉了。

b. 喝光了。

c. 喝快了。

这些例句虽然看上去都是相同的动补结构，但因为其中补语的词语意义不同，所以补语的语义指向也不同。“醉”的意思是“饮酒过量，神志不清”，因此只能指向“喝”这一动作的发出者，即施事成分；“光”的意思是“一点儿不剩”，因此只能指向动作的受事名词，即“喝”的东西；“快”的意思是“做事的速度快、时间短”，因此只能指向谓语动词“喝”。

3. 语义特征

为了更准确地理解句子的意义，我们还需要进一步注意句子中各个成分的语义特征。“语义特征”包括两方面内容：一是语义角色特征，二是语义性质特征。目前对语义角色特征的研究和应用比较多，在语言信息处理的相关知识工程中，有不少专家专注于建设词表的语义特征库。

（1）语义角色特征。

关于语义角色特征，前面已有所涉及，论元结构中的谓词和论元名词之间有多种不同的语义联系，即名词充当不同的语义角色。例如，“老王走了”中的“老王”是“走”这一动作的发出者，语义角色是施事；“吃苹果”中的“苹果”是“吃”这一动作的承受者，语义角色是受事；“盖房子”中的“房子”是“盖”这一动作产生的事物，语义角色是结果；“捆绳子”中的“绳子”是“捆”这一动作行为凭借的工具，语义角色是工具；“刷油漆”中的“油漆”是“刷”这一动作凭借的材料，语义角色是材料；“住宿舍”中的“宿舍”是“住”这一动作涉及的处所，语义角色是处所。一个名词在论元结构中属于哪一种语义角色，取决于这个名词和谓词的语义结构关系。而且，同一个动词可能联系具有不同语义角色的论元名词。例如，动词“刷”在“刷地板”中携带的是受事论元，在“刷油漆”中携带的是材料论元，在“刷墙上”中携带的是处所论元。一个名词在论元结构中属于哪一种语义角色，也同论元自身的语义性质有关。例如，在动词“刷”所带的论元名词中，只有具有［+人］这个义素的名词才有资格充当施事论元，而能够充当受事论元的大多数是具有［+器物］这个义素的名词，而处所论元应具有［+处所］义素，材料论元大多数具有［+液体］义素。这实际上就是词语的“义素分析”在语义结构分析中的推广运用，在语义结构分析中又叫作语义性质特征。

（2）语义性质特征。

与词义研究中的义素分析法不同，语义性质特征分析更侧重于揭示和解释结构的语法意义，因此就特别关注对语法结构有影响的某类词，尤其是谓语动词的语义性质特征。例如，在现代汉语中，表示时量的成分出现在不同的谓语

动词后可能有不同的意义。例如：

a. 死了三天了。

b. 等了三天了。

c. 看了三天了。

a 表示“死”这个行为结束后过了两天；b 表示“等”这个动作持续了三天；c 既可以表示“看”这个动作结束后过了两天，也可以表示动作持续了两天。这主要是因为三类动词有不同的语义性质特征——“V（死）：[+完成/-持续]”“V（等）：[-完成/+持续]”“V（看）：[+完成/+持续]”。找到不同类动词的语义性质特征，也就可以解释为什么同样是“V+了+时间词”的结构有不同的意义。

语义特征分析也可以区分相同语义角色的不同性质。例如，论元名词中有一种语义角色是“处所”。但是，同样表示处所的名词，“在球场上开会”和“在白板上写字”中的处所意义不同，“球场上”表示“开会”这个“事件发生的场所”，“白板上”表示“字”这个“物体存在的处所”；而“子弹打在靶子上”和“字写在白板上”中的处所意义也不同，“靶子上”表示“子弹”这个“物体运动的终点处所”，“白板上”仍然表示“字”这个“物体存在的处所”。要解释这几句话里相同处所角色名词的意义差别和不同句子的意义差别，显然不仅需要知道处所名词至少有三种意义，还必须根据“开”“打”“写”等不同类动词的语义特征来区分论元名词的三种处所意义。

5.4.3 句子中的歧义

前面说过，句子的意义可以分为三种，即语汇意义、关系意义和语气意义。这三种意义可以在一个句子中同时存在，彼此之间并不冲突，而是分工合作，共同表达句子各方面的意义。如果在一个句子或片段中存在两个甚至两个以上同一类型的意义，这些意义就会发生冲突，也就会使人对句子产生多种理解。例如，“找同事的儿子”可以有两种语法关系意义，一是动宾关系，“同事的儿子”充当“找”的宾语；二是偏正关系，“找同事的”是定语，“儿子”是中心语。大部分歧义句可以通过上下文或常识来排除歧义，少量无法排除的构成“真歧义句”。对于计算机系统而言，很多人类没有理解障碍的句子，却可以构成歧义。因此，消除歧义（简称“消歧”）是语言智能领域中的重要任务。

1. 歧义和笼统、模糊的关系

歧义本质是一种语义现象。歧义必须能够产生显著不同的理解，而与具体性、精确性没有关系。

（1）歧义不等于“模糊”。

歧义可以通过特定的语言环境来消除，而语义的模糊性则不可以。例如，“新校长办公室”有歧义，其中“新”可以修饰“校长”，意思是“新校长的办公室”；另外，“新”也可以修饰“办公室”，意思是“新的校长办公室”。这种歧义可以根据不同的语言环境来消除，但无论在哪一个意义之中，“新”都具有模糊性，“新”和“旧”之间的界限是无法通过语言环境消除的。假如人们把 2023 年作为新旧的界限，那么没有模糊性的表达就应该是“2023 年以前（或以后）使用的办公室”。

（2）歧义不等于“笼统”。

笼统来源于语义的概括性特点，无论是词语还是句子都具有概括性，因此都是笼统的，但不会带来歧义。例如，“他穿了一套西服”这句话是笼统的，人们不清楚“他”指的是谁，“西服”的款式、面料、颜色等是什么样的，但这句话没有歧义。而“她打了半个小时了”，就是有歧义的：既可以是“打球打了半个小时”，也可以是“打电话打了半个小时”，还可以是“打架打了半个小时”。

语言中的歧义结构有难易之分，有些歧义现象比较明显。例如，“进口汽车”这个语言片段有两种解释，一是动宾关系，可以理解为“从海外进口了汽车”；二是偏正关系，可以理解为“从海外进口的汽车”。这是由结构的差异造成的歧义，因此比较容易观察到，歧义难度就比较小。而像“饺子包好了”这个语言片段也可以有两种解释，一种意思是饺子做好了，另一种意思是用纸或塑料袋等东西把饺子包裹起来了。再如，“小心地滑”这个语言片段严格说也有两种意思，一种意思是“要注意地上比较滑”（动宾结构），另一种意思是“谨慎地去滑动”（状中结构）。但因为这两句话的后一种意思出现得比较少，人们一般不容易想到，因此歧义难度就比较大。

2. 产生歧义的原因

歧义可以分为口头歧义和书面歧义。

（1）口头歧义。

口头歧义是指语言片段因读音相同而意义不同带来的歧义。例如，口头上说“这些食物可以 zhìbìng”可以有两个意思，一是“这些食物可以治病”，二是“这些食物可以致病”，两个意思完全相反，听错就会引起极大的误会，但如果写在书面上就可以区分得很清楚，歧义也就不存在了。

（2）书面歧义。

书面歧义是指语言片段虽然读音和书写形式相同，但仍具有歧义。书面歧义又分语汇歧义和组合歧义。

① 语汇歧义是指词语形式相同而意义不同造成的歧义。同音同形的词语可以造成歧义。例如，“方便的时候”中的“方便”，有一个意思是“有时间、有空闲”，另一个意思是“上厕所”，两个“方便”同音同形，为结构带来了歧义。多义词也可以造成歧义。例如， “菜不热了”，其中的“热”是一个多义词，既可以表示“温度高”的形容词意义，也可以表示“加热”的动词意义，因此整个结构也具有两个意义。

② 组合歧义是指同一类型的结构都可能具有某种歧义。组合歧义，由其产生的原因，可分为语法结构歧义和语义结构歧义。

第一，语法结构歧义实际上就是语言片段的结构划分方式不同而导致的歧义。显然每种结构都对应一种理解。管辖范围和成分关系是最常见的两种结构歧义的起因。管辖范围产生的歧义是一个词“管辖的”范围模糊造成的。例如，“两个企业的总裁”，层次构造可以是“两个/企业的总裁”，意思是“两个任企业总裁的人”，也可以是“两个企业的/总裁”，意思是一个人。语言中成分的关系不同也可造成歧义。例如，“学生家长都来了”，其中“学生”和“家长”可以是偏正关系，意思是“学生的家长”，也可以是并列关系，意思是“学生和家长”。当然，造成歧义的原因也可能是结构层次和结构关系都不同。例如，“发现敌人的哨兵回营房了”，结构层次可以是“发现/敌人的哨兵回营房了”，此时结构关系为动宾关系；结构层次也可以是“发现敌人的哨兵/回营房了”，此时结构关系为主谓关系。

第二，语义结构歧义，指的是语言片段的结构层次和结构关系相同，但仍然存在歧义。例如，“反对的是少数人”，结构层次和结构关系都一样，但仍然存在歧义：其中一种“少数人”是“反对”的受事，意思是“反对少数人”；另一种“少数人”是施事，意思是“少数人反对”。再如，“牛顿的书”，结构层次和结构关系都一样，但可以有“牛顿写的书”“牛顿拥有的书”“关于牛顿的书”等几种意义。这些歧义就是由语义结构关系的不同造成的。

3. 消除歧义的方法

语言形式是有限的，而需要表达的意义却是无穷的，这必然会导致歧义的产生，从而给日常交际和语言信息处理带来障碍。因此，需要采用一定的方法和手段来消除歧义。

（1）利用特定的语言环境是消除歧义的最主要的方法。例如，“没有及格的”是一个歧义结构，可通过添加一定的上下文来消除歧义：“没有及格的（同学），请下学期参加补考”（此时“没有及格的”是“的”字结构），或者“这次期末考试太难了，我们几个人都没考好，没有及格的”（此时“没有及格的”是动宾结构）。再如，“学习文件”是一个歧义结构，可以放在不同的上下文中来消除歧义：“我们今天下午学习文件”（此时“学习文件”是动宾结构），或者“请把学习文件拿过来”（此时“学习文件”是偏正结构）。

（2）采用停顿、轻重音等语音手段也可以消除歧义。例如，“北京人多”在书面上是有歧义的，一种意思是“北京这个城市拥有众多人口”，另一种意思是“在某一地区，来自北京的人多”，但口头说出来，停顿的地方不同，歧义也就随之消除了：表示前一种意思时把停顿放在“北京”和“人多”之间，表示后一种意思时把停顿放在“北京人”和“多”之间。再如，“我想起来了”也是一个在书面上具有歧义的结构，一种意思是“我想起什么事情来了”，另一种意思是“我想起床了”，但口头说出来，轻重音位置不同，歧义也可以随之消除：表示前一种意思时句中的“起来”需要轻读，表示后一种意思时句中的“起来”需要重读。这种消歧方法提示我们，在语音相关任务中，声调、停顿和轻重音的识别具有很大的工程价值。

（3）采用替换、添加和变换等语法手段也可以消除歧义。例如，“一个青年学者的建议”是一个有歧义的结构，既可以理解为“一个/青年学者的建议”，

也可以理解为“一个青年学者的/建议”，但如果把“一个”替换成“一条”或“一位”，歧义就可以消除了。再如，前面提到的“学生家长都来了”是一个有歧义的结构，如果在“学生”和“家长”中间分别添加“的”或“和”，就可以区别两种意义了。又如，常用的例句“鸡不吃了”这个歧义结构，如果变换一种说法，说成“我们不吃鸡了”或“鸡不吃食了”，两种意思就可以区分清楚了。

5.4.4 语义的表现形式：语义角色

对语义角色进行识别和标注是现在语义计算中最重要的环节。语义角色在前文已有涉及，在这里进行一些更详细的梳理和补充。

语义角色是根据句中名词与动词的语义关系抽象出来的，它们反映了人类经验中 “物体”与“动程”多种多样具体关系的模式化抽象。例如，一天会发生许许多多的事，一些事可以分析为有若干“物体”参与，其中有些物体在主动地“做”什么，它们的所作所为影响到了另一些物体；另一些事则是某些物体自然而然地发生了变化，并不影响其他物体。那么，要描写大千世界一共需要多少种语义角色呢？跟划分词类一样，动程可以粗分为较少的大类，也可以细分为较多的小类，语义角色也随之有粗细多少的不同。下面介绍最粗略的大类。

动程可分为以下最基本的大类。

（1）动作。例如：

a. 狒狒玩皮球。

b. 他走了。

c. 我送了小李一盆花。

（2）性质/状态。例如：

a. 树很高。

b. 嘴巴大大的。

c. 火着了。

（3）使动。例如：

壮举震惊了全国。

与动程相配，物体则有以下常见的大类。

（1）施事，自主性动作、行为的主动发出者。例如，上面“动作”例句中的“狒狒”“他”和“我”。

（2）受事，因施事的动作行为而受到影响的事物。例如，上面“动作”例句中的“皮球”“一盆花”。

（3）与事，施事所发动事件的非主动参与者，最常见的是因施事的行为而受益者或受损者。例如，上面“动作”例句中的“小李”。

（4）主事，性质或状态发生非自主变化的主体。例如，上面“性质/状态”例句中的“树”“嘴巴”和“火”。

（5）致事，事件或变化的引发者。例如，上面“使动”例句中的“壮举”。

以上几种基本的语义角色是直接参与动程的物体，没有这些语义角色的参与，动程也就不成其为动程了。了解了这些语义角色的内涵，也就不难理解它们对担任这些角色的词的语义特征会有所限制。除此之外，这些语义角色在参与动程时还可以凭借一些其他物体，还要有一定的时空环境，因此作为人类经验映像的句子还可以有一些外围的语义角色。外围的语义角色是句子可以选择的，但不是必须具有的成分。外围语义角色主要有以下几种。

（1）工具，动作、行为凭借的器具或材料。例如，“小王用信用卡付款/小李用肥皂削了个小人”中的“信用卡“和“肥皂”。

（2）场所，动作、行为发生或开始、结束的场所、方位或范围。例如，“在大学读书/从集中营里跑了/到成都看病/放在椅子上”中的“大学/集中营/成都/椅子上”。

（3）时间，动作、行为、事件发生或开始、结束的时间，延续的时段等。例如，“在2006年我上了大学/从5点起停止供水/到12点恢复/看了两天”中的“2006年/5点/12点/两天”。

句子中的谓语动词和与之相配合的语义角色构成了句子的语义结构。句子的语义结构与语法结构相对独立，又互有联系；句子的语义角色与主语、谓语等句法成分也相对独立，又互有关联。请看下面的两个句子：

a. 山羊吃了饲料。（主语：山羊。宾语：饲料。施事：山羊。受事：饲料）

b. 饲料被山羊吃了。（主语：饲料。宾语：无。施事：山羊。受事：饲料）

a句和b句的主语、宾语都不相同，而施事、受事完全相同，这说明从语言

内符号间关系着眼的句法成分，与从人类经验映象着眼的语义角色不同。

语义角色和句法成分又有密切的关系。首先，语义角色必须在句子中体现，因此具体句子中的某个语义角色一定同时担任句法结构的某个成分。其次，通观人类语言，施事与主语重合的句子占绝大多数，这说明各个民族对世界的认知有共性的一面。最后，究竟哪些语义角色可以充任哪些句法成分，不同的语言有所不同。例如，英语的受事只能在有明确的被动语态的句子中才能充当主语，而汉语的受事却可以在没有明确的被动标记的句子中做主语。于是，汉语的“鸡不吃了”可以有“鸡”充当施事（鸡停止进食了）和“鸡”充当受事（人不想吃鸡了）两种理解，是歧义句；而英语不会有这种情况。再如，在德语等形态变化比较丰富的语言中，只有施事（主动语态句）、受事（被动语态句）两种语义角色可以充当主语（用主格标记），与事在任何句子中都不能充当主语，只能用与格标记；而汉语中与事完全可以充当主语，如“王主任已经发过了”中的“王主任”可以理解为受赠的一方，即与事。

还要说明的是，句子中可能出现哪些语义角色是根据谓语动词的类决定的，在实际使用的句子中有时可能省略某个角色，但根据上下文或语境都可以补充还原。例如，动词“送（赠送）”要求有施事（赠送者）、受事（赠送物）、与事（受赠者）三个语义角色，“王主任已经发过了”这句话只出现一个语义角色，但根据上下文或语境可以补充出所缺的另外两个语义角色，从而“王主任”究竟是赠送者还是受赠者也会确定下来。

在语法上合乎语法结构的规则，在语义上合乎语义结构的规则，这样的句子才有可能作为人类经验的映象。

5.4.5 语义的表现形式：语义依存

语义依存分析（semantic dependency parsing，SDP）就是一种深层的语义分析，是目前在自然语言处理中使用最为广泛的语义表示形式之一。语义依存分析的标注任务也十分常见。语义依存分析的理论基础是依存句法理论。它是一种更深层的中文语义表示方式，用于刻画词汇间的语义依存关系，与语义角色标注存在一定的关联。它融合了依存结构和语义信息，更好地表达了句子的结构与语义关系，句子中的每个词都有其核心节点（除整个句子的核心节点外）。但不同于语义角色标注，语义依存是面向整个句子进行的。语义依存分析含有非主要谓词包含的语义信息，如数量、属性和频率等。图 5-6 是一个经过语义依存分析的句子的实例，图中的每条弧都连接一对词（核心-修饰语），连接弧从核心词出发，指向修饰语。每条弧上都标注有语义依存关系。每个词都有唯一的核心词作为其父节点（指向谓语动词的核心词为全局的核心标记）。

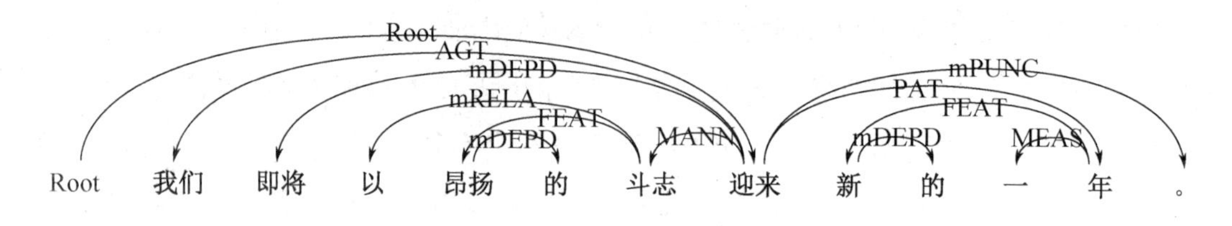

图 5-6　语义依存分析示例

语义依存分析中的典型语义标签如表 5-5 所示。

表 5-5　语义依存分析中的典型语义标签

标　签	关 系 类 型
AGT	施事关系
FEAT	修饰角色
MANN	方式角色
mDEPD	依附标记
MEAS	度量角色
mPUNC	标点标记
mRELA	关系标记
Root	根节点

5.4.6 语义的表现形式：抽象语义表示

1. 抽象语义表示简介

抽象语义表示（abstract meaning representatiow，AMR）是一种抽象的句子语义的表示方法，在一些复杂句型上有良好的表现，长于表示多种复杂语义关系。不同于传统的树形结构，它将一个句子的语义抽象为一个单根有向无环图。

所谓抽象，是指把句子中的实词抽象为概念节点，把实词之间的关系抽象为带有语义关系标签的有向弧，忽略虚词和由形态变化体现的较虚的语义（如冠词、单复数、时态等），同时允许补充句子中省略或缺失的概念。AMR 虽采用图结构，但其单根的要求使句子依然以依存树结构为主体，层次鲜明。下面以实例来说明 AMR 作为句义表示方法的两个优点。

（1）采用图结构处理论元共享问题。

AMR 与传统句义表示方法的主要差异在于对论元共享现象的处理。例如，在英语句子“He wants to eat the apple”及汉语翻译“他想吃苹果”中，传统的句法分析方法，如短语结构文法和依存文法，都限于树形结构，会舍弃“他-吃”这个施事关系；而 AMR 则将两个关系都保留，形成图结构，解决了“他”同时作为“想”和“吃”的 argo（施事）问题。图 5-7 给出了 AMR 的两种展现形式：图示法（上）和文本缩进法（下）。

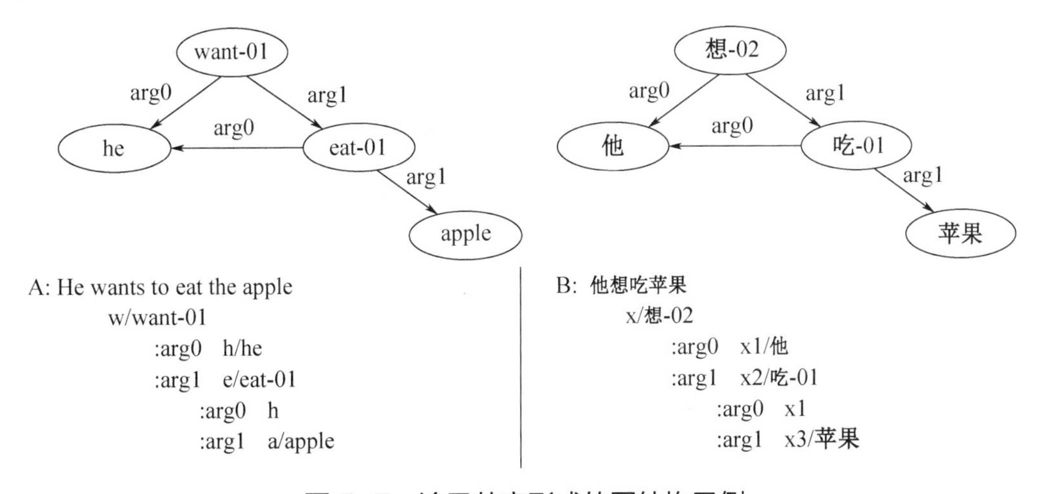

图 5-7 论元共享形成的图结构示例

在句 A 和句 B 中，每个概念节点都有一个字母编号，关系 arg0、argl 等取自命题库的论元关系。“want（想）”作为句子唯一的根节点，“he”和“他”的编号分别为 h 和 x1，是“want（想）”的 arg0（施事），也是“eat（吃）”的 arg0（施事）。为了明确谓词及其论元之间的语义关系，AMR 标注了谓词在命题库词典中的具体义项，如谓词“want-01”，表示此处的“want”使用的是其第一个义项的论元框架。

（2）允许重新分析和补充概念，能更完整地表示一个句子的语义。

AMR 更为灵活之处在于允许根据整体语义来增删概念节点，这样能够弥补传统的句法表示的缺陷。在图 5-8 中，句 A 和句 B 给出了"The dancer has gone"及其汉语翻译"跳舞的走了"的 AMR 表示。AMR 可以根据上下文将"dancer"重新分析为跳舞的 arg0（施事）person（人）。中文则可以添加出概念"person"，作为"跳舞"的 arg0。AMR 的这个特点，解决了传统的句法表示方法无法应对的省略和词内分析困境，具有较高的语言学价值和应用价值。

A: The dancer has gone	B: 跳舞的走了
g/go-01	x/走-02
:arg0 p/person	:arg0 p/person
:arg0-of d/dance-01	:arg0-of x1/跳舞-01

图 5-8 概念补充的句子示例

此外，AMR 还允许删除一些在意义上冗余的实词，使句子的基本意义更加简明。例如，"他回答道"可以省略"道"。

虽然 AMR 对句子语义的表示具有显著优势，但也存在一些问题。一方面，AMR 忽略的内容过多，包括有一定语法意义的虚词、形态变化，含有语义信息的时态等语法范畴，以及复句关系，这导致 AMR 对句义的表示遗漏了不少信息。另一方面，AMR 使用首字母为概念节点编号，使概念节点没有与原句中的词对齐，而目前自动对齐的 F 值只能达到 0.9（弗拉尼根等，2014），导致 AMR 的自动分析精度难以提升。

2. 中文抽象语义表示

鉴于 AMR 突出的语义表示能力，我国学者也将其引入，进行汉语的句子语义分析。但 AMR 是根据英语制定的，对汉语中特有的语言现象缺少处理方案。李斌等人（2016）参考英文 AMR 的标注体系，结合汉语的特点，建立了一套适用于中文的 AMR 标注体系，即 CAMR，对于汉语中特有现象的标注方法做了具体的规定，包括为汉语的特殊量词（如"根""辆"）增加了一个语义关系标签"cunit"；对无特殊意义的重叠式进行还原，如将"开开心心"还原为"开心"，将"分析分析"还原为"分析"；对离合词采取"合"的方式，如将"鞠了三次躬"处理为"鞠躬"的次数为 3；根据具体语义标注动补结构，如将"叫得悲惨"处理为"悲惨"是"叫"的方式，将"看清楚"处理为"看"的结果是"清楚"；等等。此外，由于英语多用从句，而汉语多用分句，AMR 对复句关系的忽略使汉语复句难以标注，所以 CAMR 专门设置了 10 个概念来表示复

句关系，包括“caustion（因果）”“contrast（转折）”“temporal（时序）”等。

不过，最初版本的CAMR并没有实现概念与原句中的词对齐，而是采用“xn”（n∈N，从0开始依次递增）的形式为概念分配编号，这种方式影响自动分析精度。为解决这一问题，李斌等对CAMR标注体系进行了进一步改良，提出了融合概念对齐的一体化标注方案，并设计构建了适合对齐版CAMR的人工标注平台。下面以“我喜欢这城市，但讨厌那座城市”这句话为例，对改良后的CAMR标注方法进行介绍。

从图5-9可以看出，CAMR在进行句义标注前，会先对句子进行分词，并根据句子序列为每个词编号，如图5-9左边的文本表示形式所示。概念与句中的词的对齐则是根据每个概念对应的词或词内的字的编号来实现的，概念编号采用“xn”（n∈N）的形式表示。该句中“城市“一词出现了两次，但所指不同，所以分别对应两个不同的概念，正是得益于标注时概念与词的对齐，在自动分析时，通过编号“x4”和“x10”就可以顺利将这两个概念与原句对齐。CAMR增加了表示复句关系的概念，且将复句关系概念作为复句的根节点。该句是转折复句，所以根节点为“contrast”，这是一个新增的概念，CAMR为其自动分配了一个大于句长（词数）的编号“x13”。另外，汉语中特有的量词“座”也通过新增的语义关系标签“cunit”标注了出来。

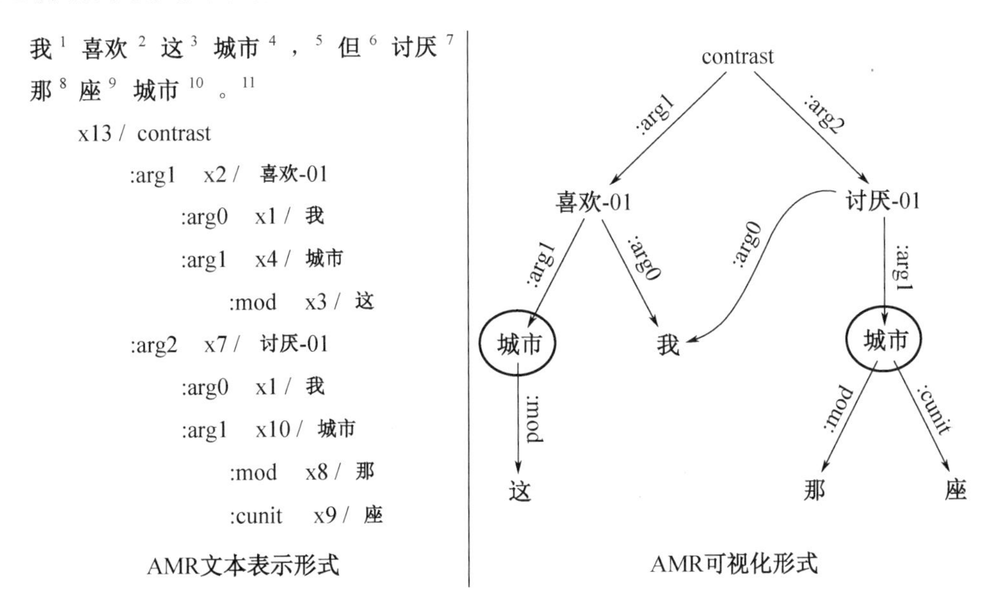

图5-9　CAMR文本表示形式及可视化形式示例

目前非对齐版的CAMR标注规范已公开发布，且已配套发布了11711句标注语料，包括《小王子》中文语料 1562 句，以及语言资源联盟（linguistic data consortium，LDC）发布的美国宾夕法尼亚大学汉语树库（CTB）（Xue 等，2005）8.0 标注语料 10149 句（内容来自微博）。在自动分析方面，2016 年国际语义分析评测会议 SemEval 开展了对 CAMR 自动分析的专项评测，目前 CAMR 整句的自动解析精度仅达到 0.61，还有很大的上升空间。

5.4.7 语义的表现形式：逻辑命题表示

严格来说，这并不是一类在字符串上进行标注来描述语义的方法。这更多的是对承载语义信息的词、句子之间的关系进行判断的任务。前面我们谈到，句子的动词和它所要求的由名词担任的语义角色构成了句子的语义结构，再加上各种成句范畴，使句子可以反映人类经验，成为说一种语言的人认知人类经验的工具，即思维的工具。从语言和思维的关系看，词义表达的是概念，句义表达的则是说话者对真实世界中某个现象或事件的判断。句子表达的判断是否真实地反映现实世界中真实的现象或事件，语义学中看作“句子真假”或“句子的真值”问题。如果句义表述的现象或事件在现实世界中真实存在，则该句为“真”；反之，如果句义表达的现象或事件在现实世界中并不存在，则该句为“假”。例如，“第 29 届奥运会已经在伦敦举行”这个句子的真值为“假”，因为实际上第 29 届奥运会是在北京举行的。

语义学关心句子的真值，但不是要把每个句子都拿到真实世界中去检验，而是要发现语义上有联系的句子、短语、词汇的真值是否存在可推导的关系。目前，用类似逻辑符号的形式研究句子真值的演算，已经成为语言学中一个蔚为壮观的分支——真值条件语义学，也叫作逻辑语义学、形式语义学。这方面的内容比较专业，本书不拟涉及。下面仅简单介绍句义之间真值的两种重要关系——蕴涵和预设。

1. 蕴涵

通俗地说，句子真值的蕴涵关系就是，从一个句子的句义一定可以推导出另一个句子的句义，反向推导却不成立。准确地说，设有 a、b 两个句子，如果

句子 a 为真，句子 b 就一定为真（①）；如果句子 b 为假，句子 a 一定为假（②）；如果句子 a 为假，句子 b 既可为真，也可为假（③）；由此可以确定 a 句义蕴涵 b 句义。例如：

a	b
李明买了香蕉。	李明买了水果。
李明发烧了。	李明病了。
李明批评了张三。	张三挨批评了。

上面前两对句义间的蕴涵关系直接与词义的上下位关系相关，“香蕉”是“水果”的下位义，“发烧”是“病”的下位义。一对句子中相同语义角色的词如果词义有下位与上位的关系，则句义一定有蕴涵关系。例如，如果“买了香蕉”，就一定“买了水果”；如果“没买水果”，就一定“没买香蕉”；而如果“没买香蕉”，既可以“没买（其他）水果”，也可以“买了（其他）水果”。词义的上下位关系与句义的蕴涵关系这一相关性是普遍适用的。

最后一个句对是同一动词的施事和受事同现句与受事单现句。由于两句有相同的动词，所以两句的语义角色应该是相同的，即受事单现句其实隐含施事，只是未限定施事的人选。这种句法上的区别，其实与前两句在词义上的区别有异曲同工之妙，句子中隐含施事的可能人选（可理解为“有人”）一定大于施事和受事同现句中显现的施事，从概念外延上看，也相当于上位包含下位的关系。所以，有类似句法对应关系的句对也一定有句义蕴涵关系。

2. 预设

通俗地说，如果一个句子的肯定和否定两种形式都以另一句子的肯定式为前提，则另一句子是该句的预设。准确地说，设有 a、b 两个句子，如果句子 a 为真，句子 b 就一定为真（①）；如果句子 b 为假，句子 a 就一定为假（②）；如果句子 a 为假，句子 b 仍然为真（③）；由此可以确定，b 句义和 c 句义是 a 句义的预设。例如：

a. 他大嫂昨天回来了/没回来。

b. 他有大嫂。

c. 他哥哥结婚了。

真值条件推导式①和②是“预设”和“蕴涵”共同的，所以许多学者认为预设是蕴涵的一种特例。预设与蕴涵不同的特点在于③，即在句子 a 为假的情况下，作为预设的句子 b 是真值只有“真”一种可能，而作为蕴涵的句子 b 则是真值有“真”和“假”两种可能。这说明，作为预设的句子 b 是句子 a 具有语义真值的前提。例如，“他”必须“有大嫂”，才可能说及“他大嫂昨天回来或没回来”的事件，即使“他大嫂昨天没回来”，也只有在“他有大嫂”的前提下，说这句话才是有意义的。

5.5 句级数据资源

5.5.1 树库资源

随着计算语言学的发展，人们逐渐认识到基于规则的语言学研究方法的局限性。计算机的运算速度飞速发展，也使人们能够方便地使用统计学方法从真实语料中获取自然语言的数据，因此语料库方法越来越受到人们的重视。这些语料库中的真实语料往往经过不同层次的加工，包含各种各样的语言信息，可以使获取的语言规律更加客观和准确。树库（tree bank）就是一种经过了结构标注的语料库。一般来说，一个句子表面上呈现词语的线性排列，其内部的成分组织是存在一定层次结构的。这种层次结构通常用“树”这种形式工具来表示。如果考虑歧义，那么一个句子可能对应多棵树。大量句子及其对应的树结构的集合就构成树库。树库作为包含语言结构信息的语言资源，其作用有以下方面。首先，它可为基于统计的自动句法分析器提供必要的训练数据和统一的测评平台。其次，它能为汉语句法学研究提供真实文本标注素材，便于语言学家从中总结语言规律。最后，它是进一步进行句子内部的词语义项和语义关系标注的基础。目前，许多国家正在或者已经初步建立起自己的语言树库。目前主流的树库基本都是短语结构树库和依存结构树库。

在汉语方面，两个较大的树库是美国宾夕法尼亚大学的汉语树库和中国台湾“中研院”的 Sinica 汉语树库。两者分别可看作短语结构和依存结构树库的

代表。中国大陆在近十年内也构建了几个大型中文树库，对中文信息处理的发展起到了巨大的推动作用。

1. 美国宾夕法尼亚大学汉语树库

美国宾夕法尼亚大学汉语树库（CTB）的目标是建立一个包括 100 万个词的经过句法标注的语料库。它是基于短语结构的，进行了短语结构、短语功能、空元素、指数的标注。CTB 目前发展至 5.0 版。从 1998 年夏开始至 2000 年秋是第一期工程（1.0 版），完成了对 10 万个词的切分、词性标注、句法标注，语料主要来自新华社的文章。2003 年春天，第二期工程（2.0 版和 3.0 版）完成，实现了对 15 万个新词的标注，在二期工程中加入了香港和台湾的语料，以保证语料的多样性。2004 年春天 4.0 版完成，包括对 40 万个词的标注，超过 66 万汉字。2005 年 1 月 5.0 版发布，包括 507222 个词、824983 个汉字、18782 个句子。在标注体系上，CTB 从 1.0 版（1998—2002）起，基本上沿用了宾夕法尼亚大学英语树库 PTB-2 的标注体系，即从最初的 PTB-1 采用骨架分析思想，形成比较扁平的句法结构树的基础上，增加了一些功能标记，用于标注句子中主要句法成分的语法功能。在 CTB 的基础上，宾夕法尼亚大学又分别完成了标注谓词论元结构的中文命题库 1.0 建设，以及标注语篇连接的汉语语篇树库的建设。这将大大促进机器翻译、信息检索和信息抽取等应用技术的进一步发展。

CTB 主要有以下特点。

（1）语料更新速度较快，不断有新语料补充。

（2）加工深度较深。目前已在原来句法树库的基础上完成了谓词论元结构，包括事件改变、名词指代、意义标注和语篇连接关系的标注等。这对于机器翻译、信息检索、信息抽取、问答系统等应用系统的发展有直接的推动作用。

（3）标注方法、算法比较先进。例如，把单词切分问题转化为消歧问题，付诸机器学习的方法来加以解决。根据 CTB 1.0 版的资料，运用最大熵的方法训练一个自动分词器，把词语切分问题转化为标注问题来解决。具体地说，根据汉字在词中的出现位置，把每个字标注为 LL（左）、RR（右）、MM（中词）、LR（单字词），通过审查前后位置汉字的标注情况来决定哪两个字可合为一个词，哪些又是单字词。

（4）标注标准和其他语料库的兼容性较好。例如，“走上来”在别的汉语树库中有的标注为两个词“走/V 上来/V”，有的标注为一个复合词“走上来/V”，CTB 标注为“（走/V 上来/V）/ V”。这样的处理有利于和其他树库的兼容。当然，该树库的标注仍是值得商榷的。例如，运用英语的语法框架来分析汉语，有时与汉语的语感不符；标注的颗粒度有时比较粗，在向依存结构树库转换时会出错；有的地方的层次还应该细分。

2.“中研院”汉语树库

“中研院”汉语树库从 1986 年起由中国台北“中研院”词库小组（CKIP）建设，从其现代汉语平衡语料库中抽取句子，以信息为本格位语法的表达模式为基本架构，由计算机自动分析形成结构树，再加以人工的修正和检验。该汉语树库目前发展至 3.0 版，包含 6 个档案、61087 个中文树图、361834 个词。其所选的文章主题包括政治、旅游、财经、社会等，都是从平衡语料库中抽取的。

该汉语树库建构的主要目的是，为中文自然语言处理研究提供一个具有句法结构信息的语料，并将其作为研究素材，人们可以从这个树库中抽取语法知识；反过来，语法知识的抽取与了解又使分析系统功能更趋完善。

该树库主要有以下特点。

（1）采用信息为本格位语法的表达模式，兼顾语法和语义两方面的信息。每棵中文句结构树不仅有语法结构分析，而且表示出每个词之间的语义联系。在语义信息方面，不仅包含意义，而且包含其支配的论元和可能的修饰成分。在语法信息方面，标注了语法类别和其语法限制。

（2）中文句子的语法结构表达采取中心语主导原则。剖析中文句子时，词组类型由中心语决定，并且参照中心语和其他成分记载的语法和语义信息，表达出句子中词与词之间的语法构造和语义角色关系。

（3）提出三项辅助原则：词类小而美原则、由左至右联并原则、扁平原则，为以后的树库建设借鉴。

（4）该树库的标注格式非常类似德国 TIGER 树库的结合描述框架，差别是用 Theta 角色代替了依存关系描述。它的主要处理特点是按照标点符号对汉语句子分块，对每个小句（块）进行句法分析和标注，形成不同句法树。该汉语

树库仅仅标注最小的句法结构，平均句子长度是 7.6 个词，比 CTB 短很多。这种处理方法降低了标注难度和工作量，但不可避免地丢失了汉语复杂长句中丰富的描述信息。

（5）设计 54 个符号来标记动词论元，12 个符号标记名动词，6 个符号标记名词，比 CTB 丰富。

3. 北京大学汉语树库

北京大学汉语树库是北京大学计算语言学研究所与日本富士通公司合作，加工 2700 万字的《人民日报》语料库时建立的一个小型汉语树库。该树库构建的语料有三部分，主要是新加坡小学语文教材（1995），另外还有北京大学计算语言学研究所在汉英机器翻译研究中的测试题库和部分开放测试语料。该树库将所有的句子分析为短语结构树形图。

北京大学汉语树库有以下主要特点。

（1）虽然规模较小，但构建时间较早（1997），对国内后来的树库构建提供了样本。一些树库加工原则为后来的树库沿用。例如，在短语划分时着重考虑表层句法结构，而不是深层意义关系的原则。

（2）句法标记集对汉语短语的描述主要采用功能分类的方法。这种方法较好地体现了汉语语言单位之间的层级变化关系。汉语的特点是语法单位之间没有很明显的界限，存在一种连续变化的层次关系。对于一些较难界定是词还是短语的数词性、动词性、形容词性、名词性的成分，用{mbar，vbar，abar，nbar}等标记符号表示，较好地描述了从语素到词和从词到短语的组合变化趋势。这种方法建立了词与短语之间的功能对应关系。北京大学的汉语词语分类体系主要采用朱德熙的“按照词的语法功能”进行分类的思想。它的短语句法功能标记组{np，vp，ap，bp，tp，sp，mp，pp，dp}与各个词类标记建立了比较好的功能对应关系。

（3）具有较强的适应性和可扩展性。一些标记，如 dlc、yj、vbar、abar 等，对汉语中的许多特殊语言现象，如独立成分、直接引语、离合词组合、重叠形式等，都可以很好地进行描述，具有较强的适应性。如有需要，还可以根据加工的需要进一步扩充。

4. 清华大学汉语树库

清华大学汉语树库是清华大学计算机系构建起来的国内第一个大规模汉语树库，是一个短语结构的树库。该树库 1998—2002 年加工完成 100 万个词的汉语句法，其中不同文体语料所占比例（按词项数计算）分别为，文学 47.3%，学术 26.3%，新闻 20.0%和应用 6.4%。另外，对该树库 4 万多个整句内部组成结构进行分析，发现由复句形成的占 56.8%，由单句形成的占 32.6%，由动词短语形成的占 5.7%。这种分布格局在四种文体的语料中基本相同，表明在真实文本的汉语句子描述中，复杂句子占了绝大多数。这种现象对目前以单句为中心的汉语句法理论研究和自动分析方法探索提出了新的问题和挑战。

清华大学汉语树库有以下主要特点。

（1）规模较大，覆盖面较广，比较真实地反映了汉语的全貌，是国内第一个大规模汉语树库。它选择了大规模的包含文学、学术、新闻、应用四大体裁的平衡语料文本作为加工对象，这在国内外的大型树库项目中还没有看到。相比而言，PTB、TIGER 和 CTB 主要采用新闻语料，台北“中研院”汉语树库语料虽然取自其他树库 500 万字的平衡语料库，但规模较小。

（2）句法信息丰富，加工层次较深。它采用了完整的层次结构树描述框架，设计了外部功能和内部结构双标记集的描述体系，对句法树上的每个非终结符节点都给出了尽可能丰富的汉语句法描述信息。目前，清华大学的研究人员已经开始进行更深层次的句法分析，以及词汇语义标注研究。

5. 国家语委现代汉语树库

国家语委现代汉语语料库是从1990年开始，由国家语言文字工作委员会（简称“国家语委”）主持，组织语言学界和计算机界的专家学者共同建立的国家级语料库，是一个大型的通用语料库。国家语委现代汉语语料库作为国家级语料库，在语料可靠和标注准确等方面具有权威性，在汉语语料库系统开发技术上具有先进性，选材有足够的时间跨度（1919—2002），语料抽样合理，分布均匀，比例适当，能够比较科学地反映现代汉语全貌。2003—2005 年，在对该语料库深加工的基础上完成了包含 100 万字（5 万句）的句法树库建设，形成了树库加工规范和句法分析器、树库校对、校对结果评测等计算机软件工具。

这个树库的语法体系主要依据的是具有代表性的吕叔湘、朱德熙、胡裕树等的语法体系和《中学教学语法系统提要》，兼顾我国主要的语法体系，与现行教学体系衔接，具有科学性。其标注的句法树有 5 万棵，准确率为 85%。

国家语委现代汉语树库有以下主要特点。

（1）注重标注的通用性，采用短语结构和功能相对应的标记，利于和其他树库研究成果对比、衔接。

（2）作为国家级的语料库，注重标注的规范性。

（3）样本分布合理，比较充分地反映了汉语的语言事实。

6. 其他小型树库

其他小型树库，如中国科学院计算技术研究所的机器翻译句法树库，规模为 3082 个句子，平均句长为 8 个词；哈尔滨工业大学的包含 1 万个句子的依存树库。这些树库虽然较小，但有的已开始注意到语义层面的标注，这将是语料库标注的重要发展方向。

5.5.2 句级语义资源

目前常见的汉语语义结构标注语料库，由语义角色标注语料库、语义依存树库和抽象语义表示树库构成。国际语义分析评测会议（SemEval）近年来连续发布了关于中文语义角色标注和依存标注的技术评测和相关资源。

公开的平行语料资源还可以在语言资源联盟和中国语言资源联盟（CLDC）找到。

5.5.3 平行语料库

平行/对应语料库是由原文文本及其平行对应的译语文本构成的双语/多语语料库，其对齐程度可有词级、句级、段级和篇级几种。所谓对齐程度，就是

源语言和目标语言之间是按照什么单位对应的。例如，从源语言中文到目标语言英文的词级对齐语料，就是在语料中每个词都标明其对应英文单词。在各种平行语料库中，最常见的是句级平行语料库，它的内容即平行句对。平行语料库是机器翻译研发的必备资源，其规模和质量在很大程度上影响机器翻译的性能。目前，主流的机器翻译引擎对平行语料规模的需求都在千万句对以上。

较为经典的公开平行语料来源有联合国平行语料库、美国国家标准与技术研究院（NIST）历年机器翻译评测比赛数据和欧洲机器翻译技术评测的比赛数据。我国常年举行的中文机器翻译技术评测竞赛数据也是机器翻译研发的常用数据集。公开的平行语料资源还可以在语言资源联盟和中国语言资源联盟找到。此外，各语言类院校和互联网企业也都建设有大小不一的各具特色的平行语料库。

第6章 篇章和篇章信息处理

顾名思义，篇章指的是篇幅与章节，是由句子组成的更高一级的语言单元。在广义上，只要是由句子构成的语言单元都可以称之为篇章，英文常用“discourse”表示，汉语翻译为“语篇”或者“话语”。在狭义上，在口语中，句子组合在一起构成陈述、对话等口语行为。而在书面语中，句子组合在一起所构成的则是篇章。本章将对篇章和对话进行介绍。

在这个领域，语言学的研究和语言智能的应用，在方向和程度上都有很大差异。很多语言学研究的话题在智能应用中没有被采用，而工程应用的很多需求也没有相应的理论研究。这是亟待解决的问题。

6.1 对篇章的信息处理

篇章不是句子的无序堆砌，而是有组织、有层次的整体。和句子相似，篇章具有要表达的意义、思想和意图。思想和意图常常体现为一个主题。句子围绕这一主题实现有机的联系。了解篇章的结构，可以帮助我们更好地理解篇章，更有效地组织句子，生成通顺连贯的篇章。

和词法、句法的分析一样，对篇章的分析和处理也不是为了篇章本身，而是某种智能应用的中间步骤。语言智能中的很多任务都涉及篇章信息，比较有代表性的任务有文本分类、自动摘要和信息抽取等。

6.1.1 文本分类

自动文本分类简称文本分类，是指计算机将一篇文章归于预先给定的某一类或某几类的过程。文本分类是用途广泛的语言智能技术。例如，将一批没有标签的新闻报道，分别分到“时政”“体育”“经济”“文艺”等类别中。将不同的专利申请书，按照专利分类体系打上标签也是一种文本分类。在篇章中发现主题，并找到表达篇章核心信息、主题的重要语句，显然可以帮助未分类的篇章确定其类别。文本分类运用的领域非常广泛，很多任务可以被视作文本分类。例如，作文自动批改也可以视作根据质量进行分类的过程，不同的分数或分数段就是分类标签。

6.1.2 自动摘要

自动摘要是利用计算机自动实现文本分析，并归纳其内容摘要的技术。自动摘要可以帮助人们更加轻松地从海量文本中获得关键信息，快速理解原文内容。这在信息爆炸的今天具有特别重要的价值。自动摘要可以看作一个信息压缩过程，将输入的一篇或多篇文档压缩为一篇简短的摘要。自动摘要涉及对输入文档的理解、要点的筛选，以及文摘合成三个主要步骤。这些步骤都离不开对篇章主题和主题展开方式的挖掘。

6.1.3 信息抽取

信息抽取或称文本信息抽取，是指从自然语言文本中抽取指定类型的实体、关系等事实信息，并形成结构化数据输出的技术。例如，从关于战争的报道中获得冲突发生的地点、时间、参与方、伤亡人数等。文本信息抽取主要包含三方面的内容：自动处理自然语言文本、选择抽取文本中的指定信息、形成数据表格。

信息抽取和自动摘要有着非常密切的联系，尤其在传统的信息抽取任务中，对主题的识别、重要句子和关键信息的识别十分重要。事件挖掘是文本信息抽取的一种高级应用，即从文本中抽取较为完整的从属于一个事件的各类信息，并识别从不同文本或文本集中抽取的信息是否从属于一个事件。它在金融、公安、舆情监测等领域具有重要价值。

6.2 修辞和语体

篇章不是无序的句子的组合，句子之间相互搭配是要实现语义的有效表达。修辞是句子表达语义的重要方式，也是语体和体裁的重要体现，后者则是语言适应具体场景和功能而形成的聚合，语体和体裁主要在篇章一级有所体现。对语言智能而言，句子之间通过特定的结构组合来实现有效的主题表达。这方面的研究和工程实践还比较少，但随着智能应用的落地，日益引起学界和工业界重视。在对这种结构的描述中，修辞结构理论是较为成熟、具有较大影响的一种，本章将加以介绍。

6.2.1 修辞

用作名词的“修辞”有两种含义：一是指客观存在的修辞现象，如“修辞属于言语现象”；二是指修辞知识或修辞学，如“要学点修辞”“语法和修辞是两门科学”。用作动词的“修辞”则是指依据题旨情境运用特定手段，以加强语言表达效果的活动，如“要变不善修辞为长于修辞”。在通常情况下，人们总是把修辞理解为对语言的修饰和调整，即对语言进行综合的艺术加工。在内容和语境确定的情况下，修辞总是着力探讨三个问题，即选用什么样的语言材料、采取什么样的修辞方式、追求什么样的表达效果。要体现这三者之间的有机联系，我们就不能不考虑调动的语言因素和非语言因素对采用的修辞方式是不是恰当，能不能产生鲜明的修辞效果。

讲修辞离不开语言材料、表达方式和表达效果，学修辞也必须以既定的内容和语境为依托，从语言材料下手，看其采取的修辞方式是否恰当，看其产生的表达效果是否最理想或比较理想，这三者不匹配的情况时有出现，这是语言使用者的能力问题，也可能是为了刻意追求某种效果，如幽默、诙谐。特定的内容和语境决定了最佳表达形式只有一种，表达者必须有效地通过修辞活动，找到这种唯一的语言形式，才能产生最佳表达效果。修辞最佳效果的产生，得益于对语言近义形式的严格选择和在比较中做出的精心调整。

辞格也称修辞格、修辞方式和修辞格式，是在语境里巧妙运用语言而构成特有模式以提高表达效果的方法。辞格是人们在长期运用语言的过程中产生和发展起来的。辞格多种多样，各有其特点和表达效果。不同的标准有不同的分法，从大类到小类，有同有异。陈望道先生的《修辞学发凡》将辞格分为 4 类 38 格。张弓的《汉语修辞学》将辞格分为 3 类 24 格。唐松波和黄建冠主编的《汉语修辞格大词典》共收录辞格 4 类 156 个（其中正式辞格 117 个，待定辞格 39 个）。根据辞格的本质特征和语用功能，我们选出常用辞格 11 个，分别讲解。

1. 比喻

比喻就是打比方，是用本质不同却有相似点的事物描绘事物或说明道理的辞格，也叫“譬喻”（台湾地区较多使用）。比喻里被比方的事物叫本体，用来打比方的事物叫喻体，联系两者的词语叫喻词。本体和喻体必须是性质不同的两种事物，利用它们之间某些相似点来打比方，就构成了比喻。比喻的作用有三个：一是使深奥的道理浅显化，帮人加深体味；二是使抽象的事物具体化，叫人便于接受；三是使概括的东西形象化，给人鲜明的印象。

根据比喻构成要素（本体、喻体、喻词）的不同，比喻可分为明喻、暗喻、借喻三大类。

（1）明喻。

明喻的构成方式是本体、喻体都出现，中间常用“像”“如”“似”“仿佛”“犹如”“有如”“一般”“似的”等喻词。例如：

a. 没有军事传统的军队，就像没有灵魂的躯体。

b. 希望像星星一样指引我们出航的道路。

喻词“一样”“似的”“一般”“般”这样的词有时单独放在喻体后面，有时与前面的“像”结合成“像……似的”“像……一般”等格式。

（2）暗喻。

暗喻又叫隐喻，本体和喻体都出现，其中用“是”“变成”“成为”等喻词。注意这里的“隐喻”是一种修辞手法，和认知语言学中广泛使用的作为一种认知和语义变化机制的隐喻并不相同。例如：

a. 青年学生是八九点钟的太阳。

b. 没有了实践和实验，理论就是无源之水、无本之木。

暗喻虽然不用明显的喻词，实际比起明喻来，本体和喻体的关系更密切。这种比喻直接指出本体就是（或成为）喻体，所以相似点得到了更多的强调。

（3）借喻。

借喻不出现本体，或不在本句出现，而是借用喻体直接代替本体。例如：

a. 你不要同情心泛滥，免得成了被蛇咬的农夫。

b. 雷达班的战士紧张地注视着天空，生怕漏过了敌人空军的哪只蚊子，让他们看到我们的秘密基地。

例 a 用喻体“蛇”比喻不应当救助的恶人，例 b 用喻体“蚊子”比喻敌人空军的飞机。它们有突出本体的某种特性的作用。

2. 比拟

把物当作人写或把人当作物写，或把甲物当作乙物来写，这种辞格叫比拟。被比拟的事物称为本体，用来比拟的事物称为拟体。

比拟是物的人化或人的物化，或把甲物拟作乙物，能使读者展开想象的翅膀，捕捉它的意境，体味它的深意。正确地运用比拟，可以使读者不仅对

表达的事物产生鲜明的印象，而且可以感受到作者对该事物强烈的感情，从而引起共鸣。运用比拟表现喜爱的事物，可以把它写得栩栩如生，使人倍感亲切；表现憎恨的事物，可以把它写得丑态毕露，给人以强烈的厌恶感。

比拟可分为拟人和拟物两大类。

（1）拟人。

把物当作人来写，赋予物以人的言行或思想感情。例如：

a. 港湾怀抱着军舰，迎来了又一个平静的夜晚。

b. 春风轻抚着田间的秧苗，唱出欢快的歌声。

例 a 把“港湾”人格化，使它们具有人的动作情态，借以表现港湾的功能。例 b 的“春风”会“轻抚秧苗”，“春风”会“唱出歌声”。这两个例子都是拟人写法，借物抒情。抽象的概念也可以拟人化。例如：

希望总是悄悄地走进探索者的大脑，为他带来智慧和力量。

例句中的“希望”是抽象概念，被赋予人的动作后，生动活泼，形象鲜明。

（2）拟物。

把人当作物来写，也就是使人具有物的情态或动作，或把甲物当作乙物写。例如：

a. 有挖掘机的工地旁总是长着一群男人，小孩、成人、老人都有。怎么挖掘机对男人就有这么大的吸引力？

b. 我到了自家的房外，我的母亲早已迎着出来了，接着便飞出了八岁的侄儿宏儿。（鲁迅《故乡》）

例 a 把人当作植物来写，使人的久久不愿意离开的样子被形容成植物一样“长着”，十分生动。例 b 中的“飞”是某些动物具有的能力，人是不会飞的，作者把宏儿当作会飞的鸟来描写，是极言其心情急切和动作轻快。

3. 借代

不直说某人或某事物的名称，借与它密切相关的名称去代替，这种辞格叫借代，也叫换名。被代替的事物称为本体，用来代替的事物叫借体。借代重在事物的相关性，也就是利用客观事物之间的种种关系巧妙地形成语言上的艺术换名。这样的换名可以引人联想，使表达收到形象突出、特点鲜明、具体生动的效果。

借代的方式主要有以下几类。

（1）特征、标志代本体。

用借体（人或物）的特征、标志去代替本体事物的名称。例如：

a. 这一车白菜，也不用过秤了，二十张“大团结”，全包圆儿了。

b. 说话间，几个黄马褂走了过来，吆五喝六的，好不威风。

例 a 用“大团结”代替面值 10 元的纸币。第三套人民币面值 10 元的纸币上印有表示我国各族人民大团结的图案。例 b 用“黄马褂”这一着装特点，指代宫里的官差。

（2）专名代泛称。

用具有典型性的人或事物的专用名称充当借体来代替本体事物的名称。例如：

a. 你问问当过爹妈的，谁家没个上蹿下跳的孙猴子？

b. 把企业办好需要“千里马”，因此更需要“伯乐”啊！

例 a 的“孙猴子”用来代替“不服管教的人”，即不听话的孩子。例 b 中的“千里马”代表人才，“伯乐”则是知人善任的领导。

（3）具体代抽象。

用具体事物代替概括抽象的事物。例如：

a. 枪杆子里面出政权。

b. 财务处那帮人精着呢，连替教师和同学说几句公道话都不敢，唯恐丢了乌纱帽。

例 a 用“枪杆子”代替“武装斗争”。例 b 用“乌纱帽”代替“官职”。这些都是把抽象的概念具体化、形象化了。

（4）部分代整体。

用事物具有代表性的一部分代替本体事物。例如：

我们是人民的军队，决不能拿老百姓一针一线。

例句中以“一针一线”代替“财产”。

（5）结果代原因。

用某事物产生的结果代替本体事物。例如：

a. 一场演习下来，张排的脸上又添了新伤疤！

b. 半小时军姿可不是儿戏，老赵早已汗透军服。

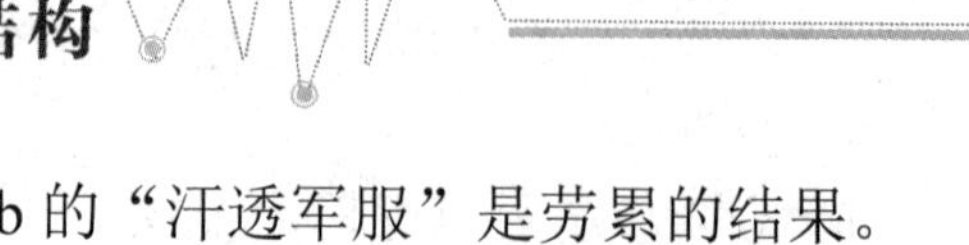

例 a 的“新伤疤”是负伤的结果。例 b 的“汗透军服”是劳累的结果。

借代的方式还很多，诸如以作者代作品，以牌号、数字、动作代本人等。

4. 夸张

故意言过其实，对客观的人、事、物进行扩大、缩小或超前的描述，这种辞格叫夸张。它对事物的某方面的特征进行合情合理的渲染，使人感到虽不真实，却胜似真实。

运用夸张有两个目的：一是深刻地表现出作者对事物的鲜明的感情态度，从而引起读者的强烈共鸣。高尔基曾说，艺术的目的在于夸大好的东西，使它显得更好；夸大有害的东西，使人望而生厌。二是通过对事物的形象渲染，引起人们丰富的想象，有利于突出事物的本质和特征。

夸张可以分为扩大、缩小、超前三类。

（1）扩大夸张。

故意把一般事物往大（多、快、高、长、强）处说。例如：

a. 老赵开车疯得很，一个地板油下去就跑出一个北京城啊！

b. 天底下有谁不知道你家老杨是条铁骨铮铮的硬汉？

例 a 是描写老赵开车快，开得猛。例 b 是极言知道老杨是硬汉的人多。

（2）缩小夸张。

故意把一般事物往小（少、慢、矮、短、弱）处说。例如：

a. 红军不怕远征难，万水千山只等闲。五岭逶迤腾细浪，乌蒙磅礴走泥丸。（毛泽东《七律·长征》）

b. 美国海军有条战列舰“华盛顿号”堪称祥瑞，整场太平洋战争打下来，愣是一根汗毛也没伤着。

例 a 把五岭山脉看作“细浪”，把乌蒙山脉视为“泥丸”，极言其小，以显红军形象的高大。例 b 的“一根汗毛也没伤着”，是极力强调身经百战而没受一点损伤，可谓幸运。

（3）超前夸张。

在两件事之中，故意把后出现的事说成是先出现的，或是同时出现的。例如：

小叶看到老公买回来新鲜的羊排，好像立刻就闻到了晚上烤肉的香味。

例句中“看到新鲜的羊排”，就嗅出“烤肉的香味”，这是故意把后出现的

事说成先出现的事。

5. 双关

利用谐音或语义条件，有意使语句同时显示表面和内里两种意思，言在此，意在彼，这种辞格叫双关。恰当地运用双关手法，可使语言幽默，饶有风趣，也能适应某种特殊语境的需要，使语言表达含蓄曲折、生动活泼，以增强文章的表现力。

就构成的条件看，双关可分为谐音双关和语义双关两类。

（1）谐音双关。

利用音同或音近的条件使词语或句子语义双关。例如：

a. 姓陶不见桃结果，姓李不见李花开，姓罗不见锣鼓响，三个蠢材哪里来？（《刘三姐》）

b. 洋贵妃醉酒（《工人日报》摄影标题）

例 a“陶”“李”“罗”三姓与“桃”“李”“锣”三物同音，作者巧妙地就姓联物，鲜明地表现了刘三姐聪明机智、善于对歌的才能。例 b“洋贵妃”是指美国夏威夷大学演出团用英语表演京剧《杨贵妃醉酒》。“洋”与“杨”谐音双关。有些歇后语就是借同音或近音双关手法构成的。例如：

a. 山顶滚石头——石打石（实打实）。

b. 癞蛤蟆跳井——扑通（不懂）。

（2）语义双关。

利用词语或句子的多义性在特定语境中构成语义双关。比起谐音双关，语义双关更为常用。例如：

a. 新事业从头做起，旧现象一手推平。

b. 嘿嘿，秘书长，你高兴得太早了吧，你看，我这儿还埋伏着一个车哪！将！秘书长！从全局来看，你输了，你完了，你交枪吧！（京剧《八一风暴》）

例 a 是新中国成立后，有家理发店写的春联。“从头做起”和“一手推平”，语义双关。句子表面讲的是理发，实际上寄托着人民群众除旧布新的愿望，歌颂新中国，欢庆新社会。例 b 是剧中打入敌军的地下工作人员张敏跟敌秘书长下棋时的一段双关语，表面上说的是下棋的事，实际上暗指敌我双方军事斗争的形势，含蓄曲折，意味深长。

6. 反语

故意使用与本来意思相反的词语或句子来表达本意，这种辞格叫反语，也叫“倒反”或“反话”。反语的特点是：词语表里不一，但并不影响正面理解，因为词语的反义在表里之间起作用。

反语可分为以正当反和以反当正两类。

（1）以正当反。

用正面的语句去表达反面的意思。例如：

a. 有几个“慈祥”的老板到菜场去收集一些菜叶，用盐一浸，这就是他们难得的“佳肴”。(夏衍《包身工》)

b. 老秦爷：皇军好，皇军给中国人民造福来了！不杀人，不放火，不抢粮食，你看多好啊！

例 a 中的“慈祥”“佳肴”是反义词语，“慈祥”其实是“凶恶”，“佳肴”其实是“猪食”。例 b 老秦爷说的每句话都是反语，它深刻地揭露了日本侵略者的滔天罪行。

（2）以反当正。

用反面的语句去表达正面的意思。例如：

几个女人有点失望，也有些伤心，各人在心里骂着自己的狠心贼！(孙犁《荷花淀》)

例句中的“狠心贼”，并没有什么恶意，相反更能表现出几个女人对自己丈夫深深的爱。

反语多用在揭露、批判、讽刺等方面，使文章富有战斗性。反语也用在风趣、幽默诙谐等方面，使语言多有变化。在一定的语言环境中，反语比正面论述更为有力。

7. 对偶

结构相同或基本相同、字数相等、意义上密切相连的两个短语或句子，对称地排列，这种辞格叫对偶。

对偶，从形式上看，音节整齐匀称，节律感强；从内容上看，凝练集中，概括力强。它有鲜明的民族特点和特有的表现力，因而在抒情、叙事、议论等文章中被广泛使用。

根据上句和下句在意义上的联系，对偶可大致分为正对、反对、串对三类。

（1）正对。

从两个角度、两个侧面说明同一事理，表示相似、相关的关系，在内容上是相互补充的，以并列关系的复句为表现形式。例如：

a. 治学求深先去傲，做人要好务存诚。

b. 宝剑锋从磨砺出，梅花香自苦寒来。

例 a 从两方面讲“去傲”“存诚”对治学做人的必要。例 b 从两个方面说明一个道理：铁杵磨成针，功到自然成。

（2）反对。

上下联表示一般的相反关系或矛盾对立关系，借正反对照、比较以突出事物的本质。例如：

a. 雷霆手腕涤荡乌烟瘴气，菩萨心肠重塑明月清风。

b. 理想，生活的旗帜；实干，成功的途径。

例 a 是用新与旧对比的方法，概括描述了改革者的形象，生动具体。例 b 是从相对的两方面，说明了“理想”和“实干”的辩证关系。

（3）串对。

上下联内容根据事物的发展过程或因果、条件、假设等方面的关联句，一顺而下，也叫“流水对”。例如：

a. 野火烧不尽，春风吹又生。

b. 漫道古稀加十岁，还将余勇写千篇。（王力《龙虫并雕斋诗集》）

例 a 上联表原因，下联表结果。例 b 上下联表示事物间的转折关系。

对偶的上句和下句，一般是两个分句，也有的是句子成分。例如：

然而我的坏处，是在论时事不留面子，砭锢弊常取类型，而后者尤与时宜不合。（鲁迅《伪自由书·前记》）

例句中对偶的上句和下句以联合短语的形式充当句子的宾语。

8. 排比

把结构相同或相似、语气一致、意思密切关联的句子或句法成分排列起来，使内容和语势增强，这种辞格叫排比。排比有突出的表达力。古人说：“文有数句用一类字，所以壮气势，广文义也。”这里说的就是排比的功用。

排比可分为句子排比和句法成分排比两类。

（1）句子排比。

从句子结构上看，单句和复句（其中包括分句）都可以构成排比。例如：

a. 沙漠开始出现了绿洲，不毛之地长出了庄稼，濯濯童山披上了锦裳，水库和运河像闪亮的镜子和一条衣带一样布满山谷和原野。（秦牧《土地》）

b. 处理问题必须瞻前顾后，不仅要看到眼前的，还要看到长远的；不仅要看到局部的，还要看到全局的；不仅要了解中国国情，还要了解世界局势；不仅要看到世界发展对中国的影响，还要看到中国发展对世界的影响。

例 a 是三个分句的排比，例 b 是四个分句组（不仅……）的排比。

（2）句法成分排比。

一般来说，句法成分都可以用来排比。例如：

a. 这里，蓝天明月，秃顶的山，单调的黄土，浅濑的水，似乎都是最恰当不过的背景，无可更换。（茅盾《风景谈》）

b. 轻轻荡漾着的溪流的两岸，满是高过马头的野花，红、黄、蓝、白、紫，五彩缤纷，像织不完的织锦那么绵延，像天边的彩霞那么耀眼，像高空的长虹那么绚烂。（碧野《天山景物记》）

c. 延安的歌声，是革命的歌声，战斗的歌声，劳动的歌声，是极为广泛的群众的歌声。（吴伯箫《歌声》）

d. 鲁迅是在文化战线上，代表全民族的大多数，向着敌人冲锋陷阵的最正确、最勇敢、最坚决、最忠实、最热忱的空前的民族英雄。（毛泽东《新民主主义论》）

e. 入夜，用眼望去，数十里烈焰飞腾，火龙翻滚，映得满天红，满山红，满江红。（郑直《激战无名川》）

例 a 是主语的排比，例 b 是谓语的排比，例 c 是宾语的排比，例 d 是定语的排比，例 e 是补语的排比。

9. 对比

对比是把两种不同事物或者同一事物的两个方面放在一起相互比较的一种辞格，也叫对照。对比可以使客观存在的对立统一关系表达得更集中、更加鲜明突出。

对比可以分成两体对比和一体两面对比两类。

（1）两体对比。

把两种根本对立的事物放在一起进行对照，使好的显得更好，坏的显得更坏，大的显得更大，小的显得更小，等等。例如：

a. 有的人活着，

他已经死了；

有的人死了，

他还活着。

有的人

骑在人民头上："呵，我多么伟大！"

有的人

俯下身子给人民当牛马。

（臧克家《有的人》）

b. 看文学大师们的创作，有时用简：惜墨如金，力求数字乃至一字传神；有时使繁：用墨如泼，汩汩滔滔，虽十、百、千字亦在所不惜。（周先慎《简笔与繁笔》）

例 a 是臧克家为纪念鲁迅先生写的诗的前两节，对比鲜明，歌颂了"永远活在人们心里的人"，打击和讽刺了行尸走肉般的人。很著名的还有司马迁的"人固有一死，或重于泰山，或轻于鸿毛"。

例 b 的"简"与"繁"形成鲜明对比。

（2）一体两面对比。

把同一事物的正反两个方面放在一起来说，能把事理说得更透彻、更全面。例如：

a. 毛主席给他们讲话，嘱咐要学会两种本领，头一种是"松树的本领"，第二种是"柳树的本领"。松树冬夏长青，不怕刮风下雨，严寒之中也能巍然屹立，松树有"原则性"；柳树插到哪里都能活，一到春天，枝长叶茂，随风飘荡，十分可爱，柳树有"灵活性"。一个共产党员应该有松树的原则性和柳树的灵活性，缺一不行。（陈模（毛主席的话》）

b. 时间是勤奋者的财富、创造者的宝库，时间是懒惰者的包袱、浪费者的坟墓。

例 a 毛主席用"松树"和"柳树"的"本领"鲜明地进行对比，教育干部要具有原则性和灵活性。例 b 以比喻的手法鲜明透彻地说明了时间对四种不同

人的不同意义和效应。

对比的修辞作用，总的来说，是揭示对立意义，使事理和语言色彩鲜明。不同类型的对比，有不同的作用，又各有特点。两体对比，揭示好与坏、善与恶、美与丑的对立，使人们在比较中得以鉴别。一体两面对比，揭示事物的对立面，反映事物内部既矛盾又统一的辩证关系，使人们能够全面地看问题。

10. 设问

无疑而问，自问自答，以引导读者注意和思考问题，这种辞格叫设问，也就是明知故问。例如：

a. 是谁创造了人类世界？是我们劳动群众。(《国际歌》)

b. 竺可桢走北海公园，单是为了观赏景物吗？不是。他是来观候，做科学研究的。(《卓越的科学家竺可桢》)

例 a 作者用设问句引起读者注意和思考，随后自己回答，使读者领会作者的结论。例 b 是为了引起人们思考，故意向读者提出问题。

根据内容的需要，设问可以采取连用的形式，例如：

人的正确思想是从哪里来的？是从天上掉下来的吗？不是。是自己头脑里固有的吗？不是。人的正确思想，只能从社会实践中来，只能从社会的生产斗争、阶级斗争和科学实验这三项实践中来。(毛泽东《人的正确思想是从哪里来的？》)

例句是连续设问，首先提出问题：人的正确思想是从哪里来的？令人深思；接着连用两个设问句，否定了唯心主义的观点，进而用唯物主义认识论，正确而全面地问答了“正确思想”的来源问题。文意有起伏，耐人寻味。

设问是一种应用较广的辞格。它的作用是：提醒注意，引导思考；突出某些内容，使文章起波澜，有变化。设问要用得恰到好处，也就是要用在必要的地方，用在必要的时候，要有针对性和启发性。

11. 反问

反问也是无疑而问，明知故问，又叫“激问”。但它只问不答，把要表达的确定意思包含在问句里。否定句用反问语气说出来，就表达肯定的内容；肯定句用反问语气说出来，就表达否定的内容。例如：

啊，黄继光，刘胡兰……不都是党亲手培育的，共产主义甘霖灌溉出来的吗？人间还有什么花朵能同他们争妍呢？（曹靖华《花》）

例句是两个反问句连用。前句是用否定句反问，表达肯定的意思，它说明英雄是党培育的、共产主义甘霖灌溉的。后句是用肯定句反问，表达否定的意思，它说明花朵不能同英雄比美。从上例可以看出，句子虽是反问，但意思是确定的。与平铺直叙的表达比较起来，反问这种说法语气强烈，加强了语言的力量，能激发读者的感情，给读者留下深刻的印象。

反问有连用的形式，表达的思想内容更深厚，语气更强烈。例如：

在那黑暗的岁月里，哪里有科学的地位，又哪里有科学家的出路！（郭沫若《科学的春天》）

设问和反问都是无疑而问，但有明显的区别。设问是有问有答，或自问自答，或问而让对方思考答案；反问则明确地将表示肯定或否定的内容寓答于问，有问有答。设问主要是提出问题，引起注意，启发思考；反问则主要是加强语气，用确定的语气表明作者的思想。这些区别，我们从以下例句里可以清楚地看出来。

朋友们，当你听到这段英雄事迹的时候，你的感想如何呢？你不觉得我们的战士是可爱的吗？你不以我们的祖国有着这样的英雄而自豪吗？

例句是设问和反问连用。首先使用设问：感想如何？引人注意，提请思考。接着连用两个反问句暗示出答案：战士可爱，战士是英雄。文义有起伏，语势更加强劲。

6.2.2 语体和体裁

1. 语体是怎么形成的

人们的言语活动都是在特定环境中展开的，即使表达同一话题的内容，在不同的语言环境中，也会有不同的风格与特点。例如，在谈论吃饭的话题时，当与家人、朋友聊天时，往往是这样表达：

吃了吗，中饭？

好饿啊，等下打算吃什么？

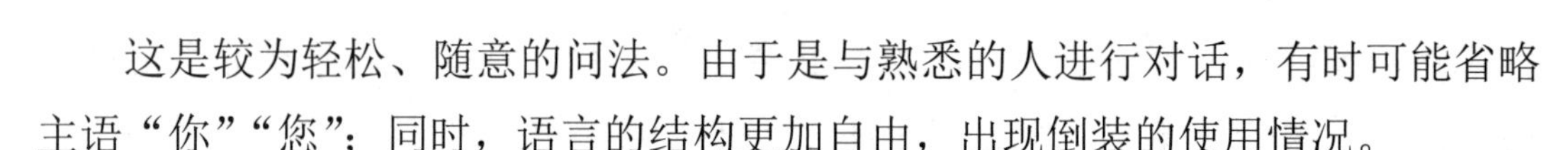

这是较为轻松、随意的问法。由于是与熟悉的人进行对话，有时可能省略主语“你”“您”；同时，语言的结构更加自由，出现倒装的使用情况。

而当出席较为正式的商务场合或者学术会议时，人们的言语表达会不自觉地收敛，变得正式起来。例如：

您刚才吃过午饭了吗？

有点饿了，等会儿一起吃点什么？

上例不仅句子的结构更加完整，在态度上也更加缓和与生疏，减少了亲密夸张的成分。

口语如此，书面语也是如此。在书写对上级汇报或对下发布的公文、通知类内容时，需要十分注意文章的格式和措辞等，力求正式、严谨、无歧义。以下是一个公司的邀请通知。

2021年新年即将到来，在各位的辛勤工作下，×××公司的业务发展蒸蒸日上，现决定于2021年××月××日 18:00，在××饭店举行年终宴会，望大家相互告知。

请各位同人届时准时参加！

×××

××××年××月××日

在撰写学术类文章时，更要注意语言表达时词语乃至句式的使用，除正式性以外，用词用语更具有专业性，学术类文章也更加注重引经据典或有可靠数据的支撑。例如：

中国有着5000年的悠久历史，有着灿烂丰富、博大精深的饮食文化；中国人注重“天人合一”，中餐具有以食表意、以物传情的特点，所以也就使得中国传统的美食都“食出有门”，如中华饮食文化理论奠基人——孔子的《论语》中就有关于饮食“二不厌、三适度、十不食”的论述。

对文学作品来说，不同种类有不同的语言风格与特点。例如，下面的散文：

五寸碟子盛的红白血肠、双皮、鹿尾、管挺、口条……我们都一一地尝过，白肉当然更不会放过。东西确实不错，所以生意兴隆，一到正午，一只猪卖完，迟来的客人只好向隅明日请早了。（梁实秋《雅舍谈吃》）

下面是小说《平凡的世界》中田晓霞带孙少平在家里吃饭的场景。

一刻钟以后，她端回一瓷盆炒菜，菜上面摞了一堆馒头。她拿出个小碗，

给自己拨了一点菜，又拿了一个馒头，说："剩下的都是你的。"少平估量了一下，说："我大概可以消灭，不过，你不要笑话！"他说着就端起了盆子，不客气地大吃起来。晓霞笑了，她坐在他旁边，把自己碗里的肉又挑回到他的瓷盆里。（路遥《平凡的世界》）

文学作品的语言表达较为随意，更加具有可读性，读者在阅读时不会觉得困难，反而觉得十分流畅、自然。

由此可见，人们在进行语言交流活动——不论是口语还是书面语时，总是会根据语境采取合适的表达方式，这里所说的语言环境包括人们要表达的内容、听众或读者的特点、交际场合、交际的目的等因素，对语言材料进行有意识的选择和组合。在特定语境下形成的合适的表达方式因具有某些共同的特点而形成了各类语体。

2. 语体的分类

学者从交际方式、交际领域等不同的角度，或出于各自不同的研究目的，往往对语体有不同的分类，目前尚没有一种统一的分类能够涵盖所有抽象的范畴概念。最为经典的分类方法是"二分法"，即将语体区分为书面语体和口语语体，从交际方式来说，两者之间的分界最为明显。在词汇使用上，口语语体中语气词、感叹词使用得较多，单音节动词、形容词比双音节词多；在句式方面，语序灵活，句法成分常有省略。书面语体在口语语体的基础上发展形成，是口语语体的加工形式，在词汇使用上，一般来说较为正式、严谨，使用的词语种类也比口语更加丰富；在句式方面，语序、结构较为严密。语体的分类如图 6-1 所示。

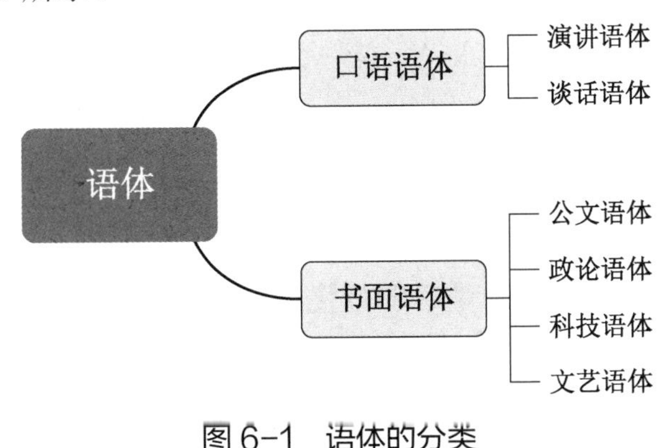

图 6-1　语体的分类

口语语体分为演讲语体与谈话语体。书面语体又进一步分为公文语体、政论语体、科技语体和文艺语体。这里对公文语体和科技语体进行简单介绍。

（1）公文语体。

公文语体涵盖范围较为固定，政府机关行政公文中的命令、指示、通知，司法公文中的起诉书、判决书、调解书，外交公文中的声明、抗议，以及军事公文中的命令、通令都属于公文语体。在语言方面，公文语体能体现出较为一致的鲜明的共同特点，力求语言庄重，用词准确，避免歧义，语句严谨，合乎语法，格式规范。下面是一则通报的示例。

国务院办公厅关于内蒙古自治区人民政府
制止违规建设电站不力并酿成重大事故的通报

各省、自治区、直辖市人民政府，国务院各部委、各直属机构：

2004 年以来，国务院多次要求各地区采取积极有效措施，坚决制止电站项目无序建设。但内蒙古自治区人民政府未能认真贯彻执行国家有关政策和规定，在制止违规建设电站方面工作不力，违规建设的丰镇市新丰电厂发生重大施工伤亡事故。为保证中央方针政策和宏观调控措施得到落实，增强宏观政策的公信力和执行力，防止类似事件再次发生，经国务院同意，现将有关情况通报如下……

国务院办公厅

2006 年 8 月 18 日

（2）科技语体。

科技语体体现在包括学术专著、学术论文、期刊文章、教材乃至各类关于科技的著述中。例如：

在导弹末制导飞行过程中，基于传统方法检测红外目标时准确率和实时性不足。针对这一问题，提出一种基于改进 YOLO v3 的红外末制导目标检测方法。从红外末制导背景出发，优化损失权重，提高了网络定位和分类能力。充分利用 Adam 算法自适应和动量法稳定的特点，运用“预训练”的思想，提出一种联合训练的方法，大幅提高模型检测精度……

科技语体往往是对客观世界的普遍现象做出观察并实验，以进行分析并得出结论，因而较少出现施事，往往省略主语。此外，科技语体最为明显的语言特征是具有描述的准确性且大量使用科技术语，同时句子较长，往往使用有连

接词的复合句。

但是，以上这种“二分法”遭到诸多质疑：一方面，口语语体中的演讲语体经过准备，更像口语语体中的书面体，而书面体中也存在口语性强的语体。例如，文艺语体下的小说，为了贴近读者，往往使用口语化的表达方式。另一方面，公文、科技、政论语体相较于文艺语体来说，语言特征更为显著，而文艺语体下的诗歌、小说、散文、戏曲的语言风格各异，不应该被简单并列。由此，有学者提出了较明晰的语体分类方式，如图 6-2 所示。

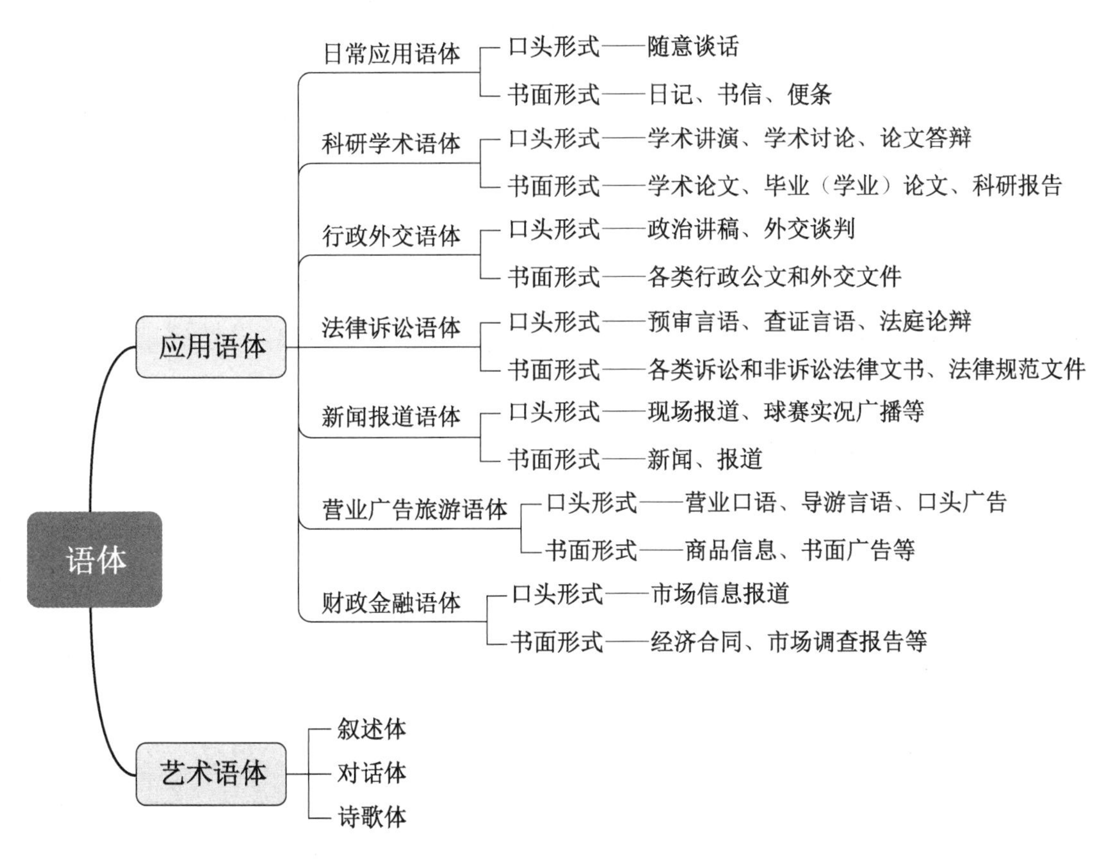

图 6-2　较明晰的语体分类方式

这种分类方法较为复杂细致，清楚地界定了语体下的书面语、口语多样的情况，在帮助人们认识语体和体裁方面有较好的作用，可以作为参考。但是，语体是在社会历史发展过程中逐渐形成的，会随着历史的发展而变化。例如，科技语体随着近代科学技术的发展得以出现；广告旅游、财政金融语体在近代才产生；随着互联网技术的蓬勃发展，电子邮件、网络语言（如微博等）具有

不同于其他语体的特色，值得语言学家将其纳入对语体的考量和研究中去。

3. 语体和体裁的关系

除了语体，我们还经常看到一个近似的概念，即体裁。语体与体裁不同。语体是在特定语境下形成的具有一类特点的表达方式或结构系统，是一种说话的体式；而体裁泛指艺术作品的种类和样式，一般有文章体裁（文体）、音乐体裁、电影体裁等。公文、通知、小说、散文，传统的诗、词、歌、赋，乃至说明书、广告、电子邮件、微博等都是不同的体裁。

但是，语体与体裁是紧密相关的，语体能够体现体裁的风格和言语特征。

文艺语体是广大读者最为熟悉的一类语体，其包含的体裁甚广，有小说、诗歌、散文、戏剧等细分的体裁，虽然这些体裁的外在表现形式有差异，但在言语表达和风格上具有以下的一致性。

（1）文艺语体偏重形象思维，具有形象性。这类语体表达的内容是建立在形象思维的基础之上的，在进行人物、情节、环境的刻画或作者情感的表达时，一般会大量使用形容词、人称代词及熟语表达等。

（2）文艺语体可读性较强。相比科技语体和公文语体，文艺语体可读性强，一般句子的平均长度和词语的长度要短于科技语体和公文语体，这就使人在阅读时的工作记忆负荷减少，更能将注意力集中在文章内容本身，因此具有更强的可读性。

（3）在篇章结构、语言风格方面，文艺语体并不局限于格式和行文规范，文无定法、句无定式得到了充分的体现。

以下的政论语体，其体裁分别是报告、演讲、答问。

国民经济保持良好发展势头。在世界经济增长明显减速的情况下，我们坚持扩大内需的方针，坚定地实施积极的财政政策和稳健的货币政策，实现了经济较快增长。2001 年国内生产总值达到 95933 亿元，比上年增长 7.3%。经济结构调整取得积极进展……

——《2002 年政府工作报告》（报告）

推动文明交流互鉴，需要秉持正确的态度和原则。我认为，最重要的是坚持以下几点。

第一，文明是多彩的，人类文明因多样才有交流互鉴的价值。阳光有七种

颜色，世界也是多彩的。一个国家和民族的文明是一个国家和民族的集体记忆。人类在漫长的历史长河中，创造和发展了多姿多彩的文明……

——《习近平谈治国理政》（演讲）

布里廖夫：……请问您的执政理念是什么？中国下一步改革重点领域是什么？您如何看待中国的发展前景？

习近平：这是关系中国发展的重大问题。1978年，中共十一届三中全会开启了中国改革开放进程，至今已经35年多了，取得了举世瞩目的成就。但是，我们还要继续前进。我们提出了“两个一百年”的奋斗目标。当前，经济全球化快速发展，综合国力竞争更加激烈，国际形势复杂多变，我们认为，中国要抓住机遇、迎接挑战，实现新的更大发展，从根本上还要靠改革开放。在激烈的国际竞争中前行，就如同逆水行舟，不进则退。

——《习近平谈治国理政》（答问）

从上面的内容可以看到，三者虽然体裁不同，但在语体上具有一定的相似性。政论语体的功能是通过对政治生活各方面的阐述，使人们了解当前的政治环境、国家的政策，以此来捍卫民族与国家的利益。在语言表达上，政论语体有以下特点。

（1）使用较多专业性术语词汇、短语和句式，且不会随意造词、造句，遣词造句较为严谨。

（2）使用较多双音节词汇，书面语形式更加正式，读来也更有韵律性和规范性。

（3）由于政论语体要影响更多的普通读者和民众，往往会适当使用比喻、拟人等修辞手法，更多的是将词汇的意义隐喻化，潜移默化地给人们留下印象。例如，上文中“中国要抓住机遇、迎接挑战，实现新的更大发展，从根本上还要靠改革开放。在激烈的国际竞争中前行，就如同逆水行舟，不进则退”将中国拟人化，具有主动进取、不畏艰难、敢于挑战的人格，以此代表所有的中国人。

在语体学研究中，语体可以涵盖多种多样的文章体裁，是因为语体的研究目的是探索语言的特点和功能，而非外在形式。如果以一类一类的文章体裁作为研究对象，不仅十分烦琐，而且无法概括出典型的语言功能风格，不便实际应用。语体学的研究，重要的是能够抽象出相似体裁的典型，以反映共同的风格与功能。

6.3 修辞结构理论

6.3.1 修辞结构理论起源

修辞结构理论（rhetorical structure theory，RST），是由美国学者维廉 •C. 曼和桑德拉 •A. 汤普森等人首创的一套关于自然语篇结构描写的理论。它的重点在于研究语篇结构中的一个主要方面——修辞结构，因此称为“修辞结构理论”。当然，这里的修辞和前文所讲的辞格没有直接的关系，而是对篇章组成的一种概括性描述。

修辞结构理论的研究从小句的连接关系开始，逐步过渡到各种长度的自然段落和完整的语篇。在研究过程中，曼和汤普森发现，无论是小句还是更大的语篇单位间都是由一些为数不多、反复出现的关系连接的。这些关系有时由关联词语做标记，有时完全是隐含的。这一发现启发了关于语篇结构的整套设想，以及体现和验证这些设想的修辞结构理论机制。

一切文章，不论是长篇大论还是短小精悍，都是经作者按照一定的逻辑关系写作而成的，用以表达作者意图表达的一个思想或观点。整篇文章由诸多句子组成，作者根据意思的轻重缓急、前因后果等不同的逻辑关系，将不同的句子组合成段落，再将段落按照相应的逻辑关系组成篇章。由此可见，任何文章都是一个有主有次、思维渐进、环环相扣的完整的思维有机体，其中的每句话都按照一定的逻辑关系镶嵌在整篇文章中，成为其重要的组成部分，实现一定的语义功能，缺少任何一句话都会造成整篇文章逻辑的欠缺。修辞结构理论分析总结了篇章中句子与句子之间的各种逻辑关系，认为每个句子都是文章的构件，这些构件之间存在各种从属关系，这些从属关系决定文章的结构紧密性和逻辑连贯性。修辞结构理论由两大部分组成，一个是定义关系，另一个是认知图式，两部分相互关联。

6.3.2 定义关系

1. 核心成分与外围成分

定义关系依靠一种分析框架进行操作，这种分析框架由以下三个基本概念建立。

（1）核心性，指一对命题集合中某一命题的相对重要性。

（2）限制条件，指一对结构段集合中结构段存在的必要条件，包括核心结构段限制条件，辅助结构段限制条件及这两种结构段联合限制条件。

（3）效果，对作者使用某一关系希望达到的效果及效果位置的说明。

曼和汤普森认为，一个语篇可以分割为不同层次的结构段。结构段是语篇中任何长度的结构片段。结构段之间的关系大多数是非对称性的，即相互对应的两个结构段，对语篇整体而言具有不同的语义分量，其中语义分量相对重的那个单元称为核心成分，语义分量轻的那个单元称为外围成分。一个结构段既可以是核心成分，也可以是外围成分。

核心成分与外围成分的相互关系可进行如下解释。

（1）在一个给定语篇中，如果没有核心成分，外围成分就失去解释的根据。

（2）对外围成分可进行某种形式或程度的替代，而不改变整个语篇的功能，而核心成分不大适合替代或变更。

（3）对作者的意图表达而言，核心成分比外围成分更重要。

请看下面这段话。

墨菲定律告诉我们，事情往往会向你想到的不好的方向发展，只要有这个可能性。例如，你衣袋里有两把钥匙，一把是你房间的，一把是汽车的。如果你现在想拿出车钥匙，会发生什么？是的，你往往拿出了房间钥匙。

在上面的话中，“墨菲定律告诉我们，事情往往会向你想到的不好的方向发展，只要有这个可能性”是核心成分，“例如，你衣袋里有两把钥匙，一把是你房间的，一把是汽车的。如果你现在想拿出车钥匙，会发生什么？是的，你往往拿出了房间钥匙”是外围成分。

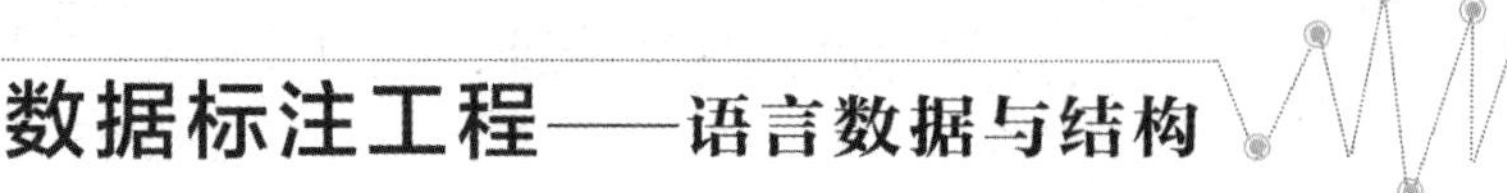

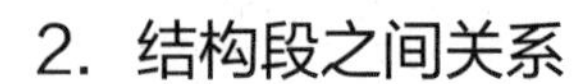

2. 结构段之间关系

曼和汤普森提出了一个开放性质的定义关系类型集合，并认为读者在认定给定话语的内部关系中可以发挥重要的作用。

（1）核心与外围的关系，如表 6-1 所示。

表 6-1　核心与外围的关系

关　系	核　心	外　围
证据	一个论断	力图增加读者对该论断的信任程度的信息
证明	一个论断	使读者理解作者为什么这样说的信息
环境	事件或阐述的观点	事件或阐述的观点的时间或环境解释
对照	作者支持的观点	作者不支持的观点
让步	作者肯定的状况	表面矛盾但被作者肯定的状况
阐述	基本信息	详细信息
解答	解决办法	质疑、问题、要求
背景	主题	背景支持，缺少这部分信息，将无法理解核心结构段的信息
使能	一个行动	意图帮读者实施该行动的信息
动机	一个行动	使读者进行该行为的愿望增强
意愿性结果	一种状况	由状况意志性行为引起的另一种状况
意愿性原因	一种状况	由意志性行为引起该状况的另一种状况
非意愿性原因	一种状况	由非意志性行为引起该状况的另一种状况
非意愿性结果	一种状况	由该状况意志性行为引起的另一种状况
目的	意图的一种状况	该状况背后的意图
条件	产生于一定条件的行动或状况	条件状况
析取	由于缺乏某条件状况而发生的行动或状况	条件状况
解释	一种状况	对该种状况的解释说明
评价	一种状况	对该种状况的评价
重述	一种状况	用另一种方法表示该状况
综述	语篇	语篇内容的总结

例 1

a. 隔壁又在开派对了。

b. 我都没地儿停车了。

例 2

a. 下一次音乐会在 7 月 21 日，周六。

b. 稍后我会发给你更多详情。

c. 但是你最好现在就空出档期来。

① 证据关系和证明关系。

证据关系和证明关系都涉及读者对核心结构段的态度。在证据关系中，辅助结构段旨在增加读者对核心结构段内容的信任程度；在证明关系中，辅助结构段旨在向读者证明作者提出核心结构段的根据。在例 1 中，辅助结构段 b 通过说明（由于所有停车位置均已被占，以至于）“我都没地儿停车了”（根据以往的经验，只有在“隔壁开派对”时，才出现这种情况）为核心结构段 a 提供了证据支持，从而提高了读者对“隔壁又在开派对”的信任程度。在例 2 中，辅助结构段 b 和 c 与核心结构段 a 之间是证明关系。b 和 c 告诉读者为什么作者有理由提出 a（而不给出详情），是为了让观众提前安排好日程，空出这段时间。但是，请注意，这里的证据关系并不一定严格符合逻辑学里的逻辑关系，只要在语义上形成让读者更加理解和信任的效果就可以了。

② 环境关系。

环境关系是辅助结构段，为核心结构段提供时间、地点等框架。

a. 我在晋西北走亲戚时。

b. 那景点的人山人海是前所未见的。

在例句中，“我在晋西北走亲戚时”为后一句“那景点的人山人海是前所未见的”提供了时间条件。

③ 对照关系。

a. 最近洛杉矶的警察不得不进行交通管制。

b. 当时数百人在尚未开业的万豪酒店门前排队，希望成为第一批求职者。

c. 这家酒店发布的三百多个招聘启事对于大量的待业人士而言是一个难得的工作机会。

d. 排队等候的人群驳斥了“失业者只要表现出足够的勇气就能找到工作”的说法。

e. 任何规则都会有例外。

f. 但成百上千人排着长队等待有工资的工作这一悲惨却又十分常见的景象

说明真正缺乏的是工作的机会。

g. 而不是勇气。

在上面的例子中，f和g之间为对照关系。作者认为成百上千人排着长队等待有工资的工作这一景象可以用缺乏勇气来解释，但显然作者在这里支持的是缺乏工作机会这一看法。

④ 让步关系、阐述关系。

标题：二噁英

a. 担心这种材料对环境或健康有害可能是错误的。

b. 虽然它对某些动物有毒。

c. 但目前没有证据表明它对人体有长期影响。

在上面的例子中，a“担心这种材料对环境或健康有害可能是错误的”与b和c构成了阐述关系，b“虽然它对某些动物有毒”和c“但目前没有证据表明它对人体有长期影响”之间为让步关系。二噁英对某些动物有害但缺乏对人类有害的证据是可以并立的，但人也属于动物，所以从这个角度来讲这两句话是不相容的。而提到对某些动物有害时会引起读者对于下一个结构段的关注，这是让步关系产生的效果。

⑤ 解答关系。

a. 一个难题就是……用羽绒和羽毛作为填充物的睡袋，其填充物会向底部滑动。

b. 你可以经常抖一抖。

在上面的例子中，a、b之间为解答关系。

⑥ 背景关系。

a. 州长通过了一项新法案，旨在保护公职人员的家庭地址和电话号码免于泄露。

b. 之前的3100法案，曾要求公职人员公开私人电话和家庭住址。

在上面的例子中，b为a的背景。只有知道之前的法案曾要求公职人员公开私人电话和家庭住址，才能理解州长为何要通过新的法案保护公职人员的电话号码和家庭地址。

⑦ 使能关系。

a. 本书详细收集了关于就业培训、工人健康等一系列主题信息。

b. 如欲订购，请拨打电话 95704。

在上面的例子中，b 中的信息可以帮助读者获取 a 中提到的书。

⑧ 动机关系。

洛杉矶芭蕾舞剧团下周四联场，联票低至 7.5 美元，全新编排，令人期待！我已经给全家订了票！还在等什么？

在上面的例子中，门票价格便宜，全新编排，还有作者本人的参加会使读者观看芭蕾舞剧团演出的愿望增强，因此构成动机关系。

⑨ 意愿性结果关系。

对照关系例句中的 a、b、c 之间即为意愿性结果关系。

⑩ 意愿性原因关系。

这么多内容靠手写是不可能的了，我只能先修好计算机，然后再重拾自己的速记技艺。

在上面的例子中，手写是不可能的，所以只能用打字来完成这个任务，因此不能手写是引起修好计算机及重拾速记技艺的意志性原因。打字是用手写方式完成之外的另一种状况。而修理计算机及重拾速记技艺是无法手写导致的意愿性结果。

⑪ 非意愿性原因关系。

为了能够自产钢铁，我们也自行开发了本地的铁、煤、锰和白云石矿藏。然而这些资源产量超出了我们的消耗量，因而我们还可以出口。

在上面的例子中，由于我们能开采的矿石是大大超过我们所需的，因此会出口一些矿石。我们的矿石储备量大，开采得多，这并不是我们自身的意志造成的，因而出口即为非意愿性行为引起的。出口是对应内需的另一种状况，因为它们为非意愿性原因关系。

⑫ 非意愿性结果关系。

这场斯里兰卡历史上最严重的工业爆炸事故摧毁了整个工厂。数千人受伤，目前仍有 300 人留院治疗。

在上面的例子中，数千人受伤，约 300 人仍在医院接受治疗是这场大爆炸导致的非意愿性结果。

⑬ 目的关系。

森林中的树木越长越高，是为了争夺阳光以强化自身的光合作用，生产养分。

在上面的例子中，树木长得高是状况，而为了获得更多的阳光进行光合作用就是长得高的意图。它们之间为目的关系。

⑭ 条件关系。

人寿保险和工伤保险的受益人一经确定，除非手动修改，否则不会随离异等问题而自动变更。我们最近就有一个案例，离婚后对方仍能受到前任的保险金给付，结果闹得不可开交。

在上面的例子中，未修改受益人是离婚后配偶仍获得福利的条件，即为条件关系。

⑮ 析取关系。

现在是重新登记会员信息的时间，想要更新自己信息的会员请在 12 月 1 日前提交申请。否则您在网站上的已有信息将不会改变。

在上面的例子中，条件状况为在 12 月 1 日前上交更新的申请，缺乏该条件状况将会导致使用旧的信息。前后两句话之间为析取关系。

⑯ 解释关系。

资本支出承诺和建筑许可的急剧下降，加上货币存量的下降，推动综合指数在过去 11 个月里第五次下跌，比 1984 年 5 月的高点低 0.5%。在经济扩张的这个阶段，出现这样的下降是极不寻常的。

在上面的例子中，在经济扩张阶段，说明指数应该是上升的，而这里连续下降，以此让读者理解上文为什么要详细说明这些下降的指数。

⑰ 评价关系。

评价关系是外围结构段对核心结构段表示的某种状况做出评价。

⑱ 重述关系。

a. 什么人开什么车。

b. 车是主人的另一面镜子。

在上面的例子中，两句话表述的是相同的内容，只是更换了表述方式，因此为重述关系。

⑲ 综述关系。

综述关系是指外围结构段对核心结构的语篇内容做出总结。

（2）多核心关系。

除上述的核心与外围的关系之外，还有一些无明显的核心与外围的关系，这些句子称为“多核心关系”，如表 6-2 所示。

表 6-2 多核心关系

关 系	一个结构段	另一个结构段
对比关系	一种可能	另一种可能
并列关系	非约束性	非约束性
列述关系	一个叙述项	另一个叙述项
序列关系	一个叙述项	另一个叙述项

例 1

a. 把冰箱门打开。

b. 把苹果装进冰箱里。

c. 把冰箱门关上。

例 1 为序列关系。序列关系是所有结构关系中唯一对结构段顺序有要求的关系。

例 2

a. 当员工的婚姻或家庭状况发生变化时，公司要督促员工填写新的退休或人寿保险受益人表格。

b. 不确定受益人是谁的员工应填写新的表格，因为退休制度和保险公司使用最新的表格支付福利。

例 2 为保险公司对于公司责任的要求，上述各项规定之间为并列关系。

3. 对长段落进行修辞结构理论分析

下面是《伊索寓言》中的一个小故事。

a. 狮子爱上了农夫的女儿，向她求婚。

b. 农夫不忍将女儿许配给狮子，但又惧怕狮子，一时无法拒绝。

c. 于是他急中生智，心生一计。

d. 狮子再次来请求农夫时，他便说，他认为狮子娶自己的女儿很适合。

e. 但狮子必须先拔去牙齿，剁掉爪子。

f. 否则不能把女儿嫁给他，因为女儿惧怕这些东西。

g. 狮子利令智昏，色迷心窍，很轻易地接受了农夫的要求。

h. 从此，农夫就瞧不起狮子，毫不惧怕他。

i. 狮子再来时，农夫就用棍子打他，把他绑起来。

j. 这故事说明，有些人轻易相信别人的话，抛弃自己特有的长处，结果轻而易举地被原来恐惧他们的人击败了。

经过对该语篇的篇位切分和结构段的分析，我们可以看出，j 是整个语篇的核心篇位，清晰表达出了该寓言的寓意，“有些人轻易相信别人的话，抛弃自己特有的长处，结果轻而易举地被原来恐惧他们的人击败了”。a～i 与 j 是综述关系，a～i 是对故事的叙述，通过故事来警醒人们，让人们有所觉悟，对该寓意有所体会。

a～i 的核心是 a～b，提出矛盾，狮子向农夫的女儿求婚，而农夫并不想把女儿嫁给他，不过他不敢拒绝狮子。故事由此展开。篇位 a 与 b 之间是阐述关系，通过两句话的描述，故事的开篇跃然纸上。

c～i 解决了 a～b 提出的矛盾，与 a～b 是解答关系。其中 h～i 是核心，交代这一矛盾冲突的结局，狮子求婚不成，反遭毒打，并被绑。

c～g 是造成这一结局的原因，与 h～i 是意愿性原因关系。其中 g 是核心，说明狮子利令智昏，色迷心窍，很轻易地接受了农夫的要求，中了计，从而导致失败。

c～f 是对付狮子的过程，与 g 是使能关系，农夫使用一计，使狮子丧失了威慑别人的利爪和牙齿。其中 c 是核心，指出农夫急中生智，心生一计，来应对狮子。

d～f 是该计谋的具体内容，与 c 是阐述关系。其中，d 与 e～f 是让步关系，e 与 f 之间是对照关系。狮子再次来请求农夫时，他便说，他认为狮子娶自己的女儿很适合，但狮子必须先拔去牙齿，剁掉爪子，否则不能把女儿嫁给他，因为女儿惧怕这些东西。

以上是对该寓言的修辞结构理论分析。分析显示，寓言为了说明一定的寓意（j），开篇提出矛盾（a～b），在解决矛盾的过程中（c～i），更好地把寓意传达给了人们。

6.3.3 认知图式

认知图式是与定义关系密切相关的一个语义概念，指的是话语语义关系的一种抽象模式，可以用图形表示。根据曼和汤普森的观点，认知图式可以决定

一个语篇中所有成分的结构性排列，它由三个要素组成：一定数量的成分性结构段；结构段之间的关系说明；某个结构段（核心结构段）与语篇整体的关系说明。

一个认知图式的图形由竖线、斜线和弧线组成，其中竖线或斜线用以确定语篇中的核心结构段，弧线代表语篇成分之间的关系并予以定名。整个图形可显示出核心成分与外围成分之间的线性关系，即在有些定义关系中外围成分位于核心成分之前，在有些定义关系中则相反。一个整体语篇中的各个结构段都用数码按序标明。图 6-3 是曼和汤普森鉴定过的 5 种认知图式。

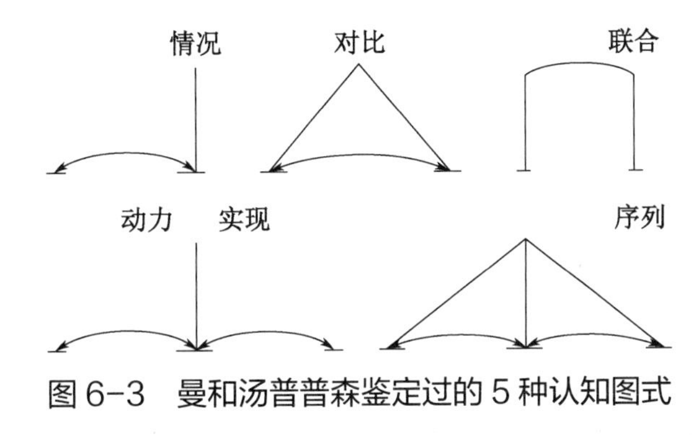

图 6-3　曼和汤普普森鉴定过的 5 种认知图式

图 6-4 为前文讲到的“洛杉矶警察进行交通管理”一例的认知图式。

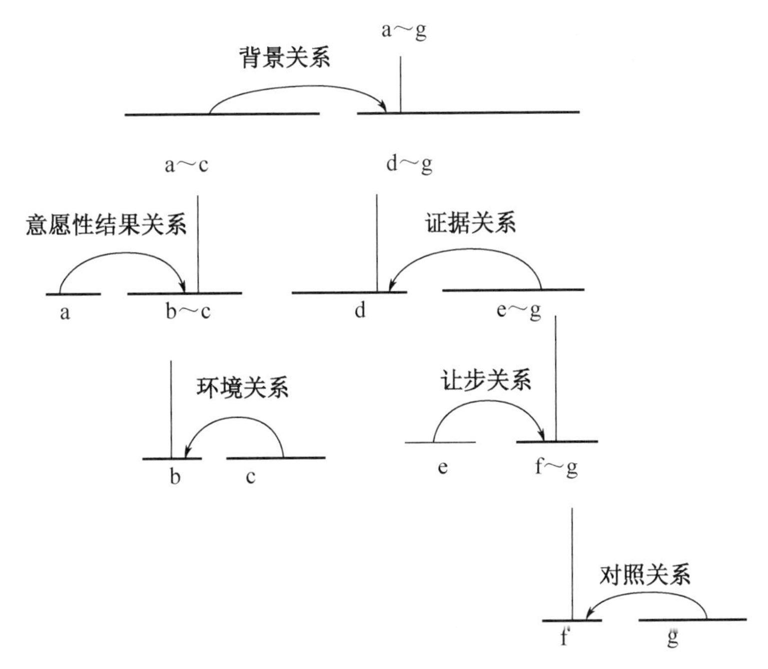

图 6-4　“洛杉矶警察进行交通管制”一例的认知图式

6.4 篇章的数据资源

在自然语言处理领域，随着研究对象逐渐从字词和句子转移到句群、段落和章节等更大的语义层面，篇章分析变得越来越重要。篇章分析是理解文本整体语义的基础，广泛应用于情感分析、问答系统、自动摘要等更深层次的自然语言处理应用。

6.4.1 修辞结构篇章树库

修辞结构篇章树库（rhetorical structure theory discourse treebank，RST-DT）是基于修辞结构理论进行标注的书库资源，由美国南加利福尼亚大学标注，并由语言资源联盟于 2002 年正式发布。RST-DT 选用美国宾夕法尼亚大学树库的文章构建二叉修辞结构树。如前文介绍，修辞结构理论认为功能语块是最基本的篇章单元（elemental discourse unit，EDU），EDU 间的语义关系具有开放性和可扩充性。在修辞结构理论构造出来的树形结构中，叶节点、非叶节点、弧线和垂直线分别表示 EDU、连续文本块、修辞关系和核心语块。

RST-DT 对 EDU 进行了严格的定义，规定主语或宾语从句不属于 EDU，充当主要动词的补语的从句也不属于 EDU。此外，所有词汇或句法标记的起状语作用的从句属于 EDU，定语从句、后置的名词修辞短语或将其他 EDU 分割开的从句或非谓语动词短语为内置语篇单位。RST-DT 标注了 385 篇《华尔街日报》的文章，文章长度从 31 个词到 2124 个词不等，平均每篇文章有 458.14 个词，语料总词数达到 176000 个，标注的 EDU 总数为 21789 个。其标注的文章内容涉及财政报道、商业新闻、文化点评、读者来信等多种话题。

中文信息处理学界也曾基于修辞结构理论构建篇章语料资源。乐明以修辞结构理论为指导，参考汉语复句和句群理论，进行了篇章结构标注的尝试，完

成97篇财经评论文章的修辞结构标注，标注了篇章单位、连接词、连接词的位置、修辞关系、连接词所在EDU的核心性等内容，探索了中文篇章分析中采用修辞结构理论的可行性。在该篇章语料库中，汉语修辞关系有12组（如并加关系组、选择关系组、对立关系组、条件关系组、原因关系组、背景关系组等）47种汉语修辞关系，每个修辞关系都有后缀来区分该关系的篇章单位的核心性地位。例如，“解答-N”表示在解答关系中起核心作用的篇章单位；“解答-S”表示在解答关系中起卫星作用的篇章单位；“解答-M”表示在解答关系中每个篇章单位都是核心成分，也表示该解答关系是一个多核心关系。在该语料库中，乐明用删除测试和替换测试来区分篇章单位的核心性地位，如果一个修辞关系的两个篇章单位难以判断谁是核心，就标注为多核心结构。为检验独立标注的一致性，乐明运用数据统计分析软件SPSS对10篇语料的修辞关系进行了一致性测算，其kappa值为0.638。陈莉萍试图采用修辞结构理论标注汉语篇章，其基本篇章单位以标点分割，如“目前……”中的“目前”也会作为基本篇章单位。他们的研究都表明修辞结构理论的很多篇章关系无法在汉语中找到与之对应的关系。

6.4.2 文本分类

随着互联网技术的迅速发展和普及，如何对浩如烟海的文献、资料和数据（很大一部分是文本）进行自动分类、组织和管理，已经成为一个具有重要用途的研究课题。

文本自动分类简称“文本分类”，是模式识别与自然语言处理密切结合的研究课题。传统的文本分类是基于文本内容的，研究如何将文本自动划分成政治、经济、军事、体育、娱乐等各种类型。这也是人们提到“文本分类”这一术语时通常所指的含义。

在本质上，任何对篇章进行打标签操作的语言资源，都可以成为相应分类任务的语言资源，如对文章领域进行标注的数据就可以成为领域分类任务的资源；对文本质量进行标注的数据就可以成为自动批改任务的资源；对文本情感进行标注的数据就可以成为情感分类的资源。文本本身有长有短，短到微博（140

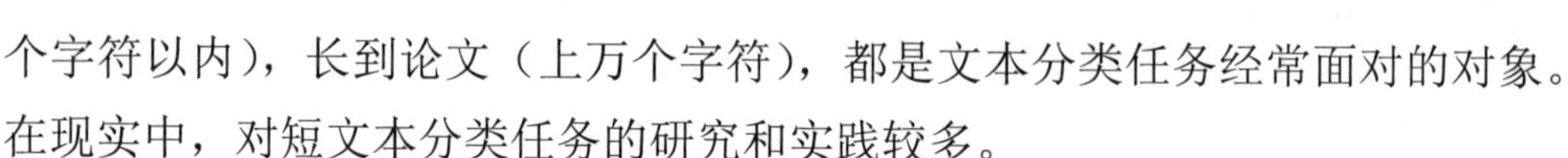

个字符以内），长到论文（上万个字符），都是文本分类任务经常面对的对象。在现实中，对短文本分类任务的研究和实践较多。

2012 年，搜狗实验室开放了搜狐新闻数据（SogouCS）和全网新闻数据（SogouCA）。其数据包含搜狐新闻 2012 年 6—7 月国内、国际、体育、社会、娱乐等 18 个频道的新闻数据，提供统一资源定位符（URL）和正文信息。由于新闻标题可以被视作一种极简的摘要，而该资源的所有篇章均包含标题，故该资源有力地支持了自动文摘技术的发展。

6.4.3 面向话题指称结构的语料库资源

指称结构是一种存在于篇章中前后两个语言单位之间的特殊语义衔接关系，而确定两者的过程称为指称消解。目前，主要的语料资源有 ACE 评测语料、ARRAU 语料库、OntoNotes 语料库。

1. ACE 评测语料

自动内容抽取会议（automatic content extration，ACE）是美国政府支持的自然语言处理会议。ACE 语料评测起始于 2000 年，自 2004 年开始引入中文语料。ACE 评测语料基于之前的信息理解会议（message understanding conference，MUC）评测语料，其中的指代信息采用指代链的形式标注而成，每个指代链独立编号并被记录在文件中，而相同指代关系的实体都位于同一个指代链上。MUC 和 ACE 评测语料为面向衔接关系的自然语言处理研究提供了重要的语料资源，但在它们通过指代形成的语料衔接关系资源中，仅仅标注了显式实体指代，而忽略了对隐式实体（或称为省略）的指代标注。

2. ARRAU 语料库

ARRAU 语料库是由意大利特伦特大学和英国埃塞克斯大学针对较难处理的指代问题，联合建立的指代标注语料库。该语料包括对话、说明文和新闻报道，不仅标注了实体指代，也标注了抽象指代（如事件、行为指代），但并不包含汉语部分。

3. OntoNotes 语料库

OntoNotes 语料库由 BBN 科技公司、美国科罗拉多大学、美国宾夕法尼亚大学和南加州大学信息科学研究所合作创立。OntoNotes 语料库集成了多层面的标注，包括词汇层面、句子层面和篇章层面的标注，不为特定评测服务。OntoNotes 语料库在篇章层面主要包含实体间及事件的共指关系。OntoNotes 语料库中既包含英语，也包含汉语，汉语部分还标注了主语位置的零指代信息。

虽然面向话题指称结构的语料库资源相对丰富，但对于汉语中非常突出的零指代问题，资源非常匮乏。OntoNotes 语料库虽然包含少量的主语位置的零指代信息，但更多关注的是句法成分的缺失，面向篇章分析的零指代标注资源极其匮乏。

6.4.4 篇章意图资源

为克服子句间的多种篇章关系不能被树模型的篇章结构有效表达这一缺陷，沃尔夫和吉布森提出了用图结构表示篇章的方法，并研究了篇章图库（discourse graph bank，DGB）的构建问题，同时以该结构标注了 135 篇文章。该方法主要分为三步：首先，根据标点符号将篇章分为基本单元（句子/子句），称为篇章段。其次，根据标点符号和话题，将上述基本单元归并成组，每个组都集中表达某个话题。最后，确定基本单元、组之间的连贯关系。

6.4.5 汉语篇章广义话题结构资源

在针对广义话题结构理论的语料资源方面，宋柔课题组基于其提出的广义话题结构概念，以标点句为基本篇章单位，开展了汉语篇章的话题结构标注工作，已标注《围城》《鹿鼎记》和其他语料（涉及章回小说、现代小说、百科全书、法律法规、散文、操作说明书等语体），共约 40 万字。其中，《鹿鼎记》第一回的广义话题结构标注及其说明已在网上公开发布。

6.4.6 基于主述位理论的汉语微观话题语料库资源

苏州大学自然语言处理实验室提出了基于主述位理论的篇章微观话题结构表示体系，并据此标注形成了 500 篇文本的微观话题结构语料库（Chinese discourse topic corpus，CDTC）。该语料从 CTB 6.0 版中选取 500 篇文档标注了基本篇章单元、基本篇章话题的主位和述位、篇章微观话题结构、微观话题连接、微观话题链等信息，为微观话题结构的自动分析奠定了基础。

反侵权盗版声明